中规院水务院海绵城市建设系列研究成果

亲历者说

——无锡市海绵城市建设纪实

龚道孝　陈雪峰　周飞祥　等　编著

U0291359

中国建筑工业出版社

编写委员会

主　　编： 龚道孝　陈雪峰

副 主 编： 周锡良　钱保国　陆　佳　周飞祥　杨映雪
　　　　　　赵政阳　唐君言　莫　罹　洪昌富　郝天文
　　　　　　刘广奇　张志果　徐晓琴　赵　江

编　　委： 张　剑　徐　劲　赵　倩　郑向启　阮丽峰
　　　　　　张　政　张苗辉　张　扬　冯伟洲　贺　华
　　　　　　薛晓玲　何宝金　戴宏飙　冷云峰　曹　瑛
　　　　　　潘　炯　张　立　陈娟娟　顾晨竹　严　玲
　　　　　　王习之　蒋方明　朱　黎

编写人员： 周飞祥　杨映雪　赵政阳　唐君言　王巍巍
　　　　　　黄明阳　李宗浩　刘彦鹏　李　美　苏　华
　　　　　　洪子贤　孙大杰　蔡韵雯　贺　佳　陈高艺
　　　　　　陈　晗　石永杰　郭妍君　王永龙　满珂羽
　　　　　　陆一鸣　戴　银　宋丽娜　吕金燕　贾书惠
　　　　　　张　靖　邹　枫　宁　旺　王玉虎　王　绕
　　　　　　梁晓燕

凝心聚力 久久为功 奋力推进海绵城市建设高质量发展

2013 年，习近平总书记站在人与自然和谐共生的高度提出"提升城市排水系统时要优先考虑把有限的雨水留下来，优先考虑更多利用自然力量排水，建设自然存积、自然渗透、自然净化的海绵城市"。习近平总书记提出的海绵城市建设理念，统筹考虑雨水的留存、利用与排出，是统筹解决城市缺水与内涝问题的新理念，充分体现了敬畏自然、尊重自然、顺应自然、保护自然的生态观，也体现了综合治理、源头治理、系统治理的统筹观，为我们做好新时代城市雨水管理工作指明了前进方向、提供了根本遵循。

十年以来，我们牢记嘱托、砥砺奋进，深刻领悟、科学把握海绵城市建设的内涵，用"海绵"的新理念、新思维，统筹考虑城市水资源利用和排水防涝问题，统筹城市更新、城市功能与品质提升、城市内涝治理等工作，深入推动解决城市积水内涝、水体黑臭等人民群众关心、关注的问题，在 30 个城市开展海绵城市建设试点，在 60 个城市开展系统化全域推进海绵城市建设示范，推进海绵城市建设由"试点"到"示范"，由"项目"到"城区"，由"工程"到"体系"，推动海绵城市理念落地生根、开花结果。通过海绵城市建设，取得了明显成效，城市防灾减灾能力明显提高，城市水生态环境明显改善，黑臭水体基本得到消除，城市品质和功能明显提升，人居环境得到改善，群众获得感幸福感安全感明显增强。与此同时，我们依然要看到，部分城市建设者对海绵城市的认识不到位、理解有偏差，工程碎片化、系统性不强，施工质量差、效果不明显等问题依然广泛存在，海绵城市建设依然任重道远。

学以致其道，实践出真知。由中国城市规划设计研究院、无锡市住房和城乡建设局基于无锡海绵城市建设编撰的《亲历者说——无锡市海绵城市建设纪实》一书，从无锡城水关系历史溯源入手，结合无锡城市建设所面临的问题与需求，详细介绍了无锡海绵城市建设的初心和愿景，系统解读了引领海绵城市建设的顶层设计、规划方案，深入阐述了推进海绵城市建设的体制机制和模式，全面展示了海绵城市建设的成效和成绩，归纳总结了海绵城市建设过程中形成的经验和模式，为我们提供一个高质量的海绵城市建设蓝本，为其他城市推进海绵城市建设提供了一个"参考路径"，具有较高的参考、借鉴和推广价值。

新的序幕即将开启，站在新征程、新起点，面对新形势、新任务，我们必须持续深入学习贯彻习近平新时代中国特色社会主义思想，全面贯彻落实党的二十大精神，坚决贯彻习近平总书记关于开展海绵城市建设的重要指示精神，开拓创新、与时俱进，将海绵城市理念贯彻落实到城市规划、建设、管理各个方面，推动海绵城市建设向系统化、全域化纵深发展，深化海绵城市相关标准、制度和法规的体系建设，建立完善城市雨水全过程管理体系，为建设"宜居、韧性、智慧"城市提供有力支撑，在以中国式现代化推进中华民族伟大复兴的新征程中作出新的更大贡献。

住房和城乡建设部城市建设司司长

十年探索历程 十个华彩篇章

时光荏苒，静水深流。转眼间，国家推进海绵城市建设已经历了 11 个年头，海绵城市建设从试点到示范、从片区到城区、从城市到区域，演绎了极其不平凡的发展历程，系统全域推进海绵城市建设已成为共识。在这个值得纪念的时刻，我很高兴看到，由中国城市规划设计研究院、无锡市住房和城乡建设局基于无锡海绵城市建设编撰的《亲历者说——无锡市海绵城市建设纪实》即将出版。

近年来，我本人也多次到无锡考察海绵城市建设工作，在某种意义上，我也是无锡海绵城市建设的"亲历者"。我很欣慰看到无锡市一直以来高度重视、大力推进生态文明建设，深入谋求绿色转型发展，深挖"水内涵"，做足"水文章"，发展"水经济"，持续推动经济社会高质量发展。尤其是自 2013 年 12 月习近平总书记在中央城镇化工作会议上提出"建设自然积存、自然渗透、自然净化的海绵城市"以后，无锡积极推进海绵城市建设，先后申报成为我省海绵城市建设试点和国家海绵城市建设示范城市，并锚定太湖及城区水环境尚未得到根本性好转、"城市看海"时有发生等关键问题，坚持问题导向、系统施策、统筹发力、创新引领，取得积极成效，不断推动城市水系统创新升级，持续优化城市人居环境，书写了一幅幅诗意江南的海绵画卷……这离不开无锡市各级领导、城市建设者的辛勤付出，也离不开中国城市规划设计研究院的技术加持，更离不开全体无锡市民的广泛参与，我向各位表示由衷的敬意和祝贺！

《亲历者说——无锡市海绵城市建设纪实》一书，不仅以翔实资料、典型案例系统展现了无锡海绵城市建设历程，更从专业的视角妙笔生花地将无锡海绵城市建设"十年探索"经验浓缩为"十个篇章"，兼具理论性与实践性、学术性与艺术性，对于海绵城市建设的决策、管理、研究人员和对海绵城市建设感兴趣的读者有较高的参考和学习价值。

风华十载再出发，砥砺奋进谋新篇。在新的时代背景下，希望无锡市以本书出版为契机，更加自觉坚定主动走稳走实海绵之路，积极探索"后示范"时代海绵城市建设新模式，不断创造新成绩，更好践行"争当表率、争作示范、走在前列"新使命。也希望海绵城市建设从业者们，在生态文明建设的征程上再出发，以更加饱满的热情，更加坚定的自信，持续推进海绵城市建设工作再上新台阶！

江苏省住房和城乡建设厅副厅长

目录

第**1**章

城水渊源

拥江枕河抱湖之地
先有大运河，再有无锡城

1.1 拥江枕河抱湖之地

无锡，简称"锡"，古称梁溪、金匮，被誉为"太湖明珠"，是一座具有悠久历史的江南名城，有文字记载的历史可追溯到 3000 多年前的商朝末年。商末周初（公元前 11 世纪），周太王长子泰伯以无锡梅里（今梅村）为都城建立勾吴国；汉高祖五年（公元前 202 年）始置无锡县。后数易其名，直到近代于 1949 年无锡建市，现为江苏省辖市，辖梁溪区、锡山区、惠山区、滨湖区、新吴区、经济开发区 6 个区及江阴、宜兴 2 个县级市。

无锡是一块拥江枕河抱湖的风水宝地、鱼米之乡，北倚长江，南滨太湖，素有"充满温情和水"的说法，境内共有大小河道 6288 条，总长达 7024 公里，江河湖荡超过全市总面积的四分之一。

回顾无锡的发展历程可以发现，与这座城市相生相伴的，始终都是"水"。奔腾不息的江河湖水滋养着这座江南名城，在无锡城市史中留下浓墨重彩的一笔。不论是"一碧太湖三万顷，屹然相对洞庭山"的太湖，还是"八省相连兴贸易，五河纵贯富工商"的京杭大运河，抑或是"天门中断楚江开，碧水东流至此回"的长江，数千年来，它们流经无锡，塑造无锡。

一脉千古成江河，一座无锡城，便是一个浓缩的江南。长江万里不息，运河千里穿行，太湖烟波浩渺。坐拥长江、运河、太湖的无锡，江河湖荡是她的底色。在清代纳兰性德笔下，"江南好，真个到梁溪。一幅云林高士画，数行泉石故人题"。现代著名作家胡山源说，"江阴好，人物冠古今。佛子神仙随代有，畸人侠客不须寻。行事足讴吟"。沿江环湖滨海，无锡水道纵横、河港交错，食则稻鱼菱藕，居则枕河人家，行则舟桥两便，业则渔殖蚕桑，习则书画文章，续写着一代又一代的江河传说（图 1-1~ 图 1-3）。

图 1-1　风光秀丽的鼋头渚

图 1-2　无锡太湖美景

图 1-3　无锡"江南水乡"美景

1.2 先有大运河，再有无锡城

　　大运河无锡段全长41公里，西北自洛社五牧入境，从黄埠墩西侧向南转弯，在锡山东麓再转向东南，穿过梁溪，到外下甸桥接上南门古运河，向东南过新安沙墩港出境。大运河无锡段形成于春秋，发展于隋唐，兴盛于明清，当代依旧发挥着重要航运功能。无锡工商业繁荣于斯，无锡居民生长于斯，无锡文脉孕育于斯。在历史的长河中，大运河及其支流水系深深地影响了无锡城区的变迁，形成了"千里运河独此一环"的城市景观（图1-4）。

图1-4　蔡光甫笔下无锡运河米市码头的繁荣景象

公元前 12 世纪后期，周王古公亶父之子泰伯、仲雍二人南迁江南梅里平墟（今无锡梅村），在无锡梅里建"泰伯城"，此城为无锡有史记载最早的"城"：周三里二百步，为内城，即核心区域；外郭三百余里，为外城（罗城）。罗城范围大致北到芙蓉湖，南到太湖，西至十八湾丘陵地带，东至常熟、吴县一带。

无锡水网密布，洪涝灾害频发。公元前 1122 年，泰伯在无锡开泰伯渎。泰伯渎西起运河，东达蠡湖，入吴县界，长八十里，引水以灌溉农田，排涝以入太湖，成为江南地区的第一条人工运河。它的开凿也为此后吴王夫差开"吴古故水道"（即古江南运河）奠定了基础（图 1-5）。

图 1-5 无锡在京杭大运河的位置

（1）从"傍城而过"发展为"穿城而过"

东晋南朝时期，城厢向南扩张，私宅庙宇一时十分兴盛。隋大业元年至六年（605—610 年），隋炀帝开通济渠、永济渠、拓邗沟和江南运河，至此南北大运河全线贯通，并正式被命名为运河，无锡段也成为运河中重要的一部分。同时，在运河东侧建利津桥（大市桥），运河以东得到开发，并为现代无锡最大规模的中山路商务中心奠定基础。

唐宋元时期大运河得到不同程度的修缮，运河东侧出现了大量的民居建筑和商业建筑，无锡县城基本沿着运河两岸而起，分东西两邑，城区建制基本定型。原本"傍城而过"的运河，逐渐发展成为"穿城而过"的态势，因此，无锡市区运河称"城中直河"（图 1-6）。人们在城中直河两侧开挖大量河道，形成了以运河为轴线的城市水系。直河以西，西里城河（称留郎河）南北没有贯通，分南北两个小水系：北段北起北水关，南至州桥河，由斥渎河、留郎河、州桥河、胡桥河和营河围绕县衙组成；南段北起后西溪，南至西水关，由后西溪、前西溪、束带河、西水关组成。东里城河自北水关至南水关全线贯通，称弓河，以直河比作弓弦，其间东西向河道称箭河，共九条，称"一弓九箭"。

图 1-6　城中直河与古运河上的虹桥（1912 年）

（2）从"穿城而过"演变为"抱城而过"

16 世纪中叶，东南沿海倭寇活动猖獗。明嘉靖三十三年（1554），无锡知县王其勤抗倭筑城，修筑了一座周长 18 里，高 2 丈 1 尺的城墙，并设置了四个城门和南、西、北三个水关。

为了抵御倭寇从水上入侵，将南北门水关收小，削弱了城中直河的航运能力。并加宽加深城东的外护城河，作为无锡大运河的主航线，城东航行漕运船、重船，城西则行官船、轻船。由此，城中直河的航运功能被护城河取代。史载"明因倭警筑城，运道乃绕城而东出"。同时，疏拓了西水墩至南门的新护城河，连接了梁溪与古运河，使之成为重要的运河支线。此次特殊的筑城经历改变了无锡运河的形态，使它成为中国大运河中唯一一个"抱城而过"的河段。

（3）从"抱城而过"到"绕城而过"

中华人民共和国成立后，无锡城市的快速发展对水运提出了更高的要求，无锡段新大运河得到大规模整治。整治分 1958—1965 年、1976—1983 年及 1983 年后三个阶段：1958 年、1959 年曾二次动工，均很快停工，1963 年再次动工开挖梁溪至下甸桥段 7.2 公里，1965 年完成（六级航道标准）；1976 年新运河续建开工，至 1983 年完成了自黄埠墩向南，经锡山东麓，穿锡山、梁溪两座大桥，至梁溪段四级航道工程，长 4.04 公里；1983 年至 1997 年实施了新开河段护岸工程（1988 年完成），完成了梁溪至南门下甸桥段四级航道水下开挖工程（1989 年完成）和无锡境内其他河段的四级航道整治（1997 年完成）。2000 年绕城段新运河底宽 60 米，其他老运河段底宽 35~90 米。至此，无锡大运河改道工程全面完成，新运河的开通使京杭运河完全绕城而过，不但改善了航运条件，而且有效改善了市区河道的排水条件（图 1-7）。

如今，无锡城区古运河可分三段：北段吴桥至江尖，为古芙蓉湖最后留下的遗迹，水面宽广，地域辽阔，是历史上无锡米市的主要场所。中段江尖至南门，分东西二线环抱古城区而过，为"千里运河独一环"的胜迹之所，更是无锡在全国率先崛起民族工商业的发源地。南门至清名桥段，一水畅流，民居夹岸，前店后河，被称为"江南水弄堂"，是无锡古代商业街的典范。

图 1-7　治理完成后的京杭大运河（无锡段）

大运河穿越无锡城区经历了"傍城而过""穿城而过""抱城而过""环城而过"的变迁，古运河两岸凝聚了无锡 2500 多年风风雨雨的历史，交织着水乡古朴醇厚的民风民俗，成为最具江南文化特色、最显运河古韵风情的"运河绝版地"，新运河承担着航运的重要作用，有效沟通了南北经济和人文发展，是新时代水利发展的重要标志。"千里运河独此一环"的无锡运河是无锡的经济之环、人文之环、生态之环，必将继续深深地孕育无锡的未来（图 1-8）。

图1-8 古今交融的无锡运河沿线

CHAPTER 2

第2章

城水关系

因水而优
因水而忧

2.1 因水而优

　　无锡地处长江三角洲江湖间走廊部分，南濒太湖，北临长江，是中国著名的鱼米之乡。在无锡的发展过程中，水文化的影响不可或缺。纵观无锡几千年文明史，水更是无锡社会发展和文化积淀的基本载体。无锡经济社会的发展始于先人们对原始洪荒的治理，历经大禹治水"三江既入，震泽底定"、泰伯开挖泰伯渎（今伯渎港）、夫差开挖早期江南运河、南北朝时期疏拓梁溪河。无锡地域范围内形成了一个以大运河为南北轴线、西由梁溪河通太湖抵浙江、东由伯渎港达苏州入江海的水网骨架。正是这个水网骨架的形成，促使位于水网中心的无锡城厢加速成为太湖地区的交通航运枢纽，促进了无锡城市经济社会的繁荣和发展。在此基础上，宋代绍圣年间开疏莲蓉河，向东导水入江。明代周忱开挖黄田港、整治五泻水（今锡澄运河），向北直接通江，使无锡的水网骨架更为完善，无锡的经济社会也因此更加繁荣。"通四海""达三江"的运河形成了无锡人开放、对外交流的优良传统。水文化造就了无锡人刚柔并济的性格和敢于"走出去"的气魄。聪明、善学的无锡人将开放、通达、开拓的水文化延伸到经济、生活的方方面面，在江苏地区甚至长三角地区都独树一帜。

　　水是无锡最鲜明的地域特征。多年来，围绕"治水安邦、兴水利民"，无锡积极践行"节水优先、空间均衡、系统治理、两手发力"的治水思路，强化使命担当、聚力系统治水，无锡城市河湖面貌持续改善，水质不断提升，展现出"人水和谐、生态惠民"的全新面貌，为开启"强富美高"新无锡现代化建设新征程提供了支撑。无锡以河湖长制为统领，以美丽河湖行动为抓手，着力打造"河安湖晏、水清岸绿、鱼翔浅底、文昌人和"的幸福河湖，通过系统推进生态环境修复、岸线景观塑造、历史文脉传承与公共服务设施建设，打造了一批高品质、高水平的滨水空间，涌现出梁溪区大寨河、锡山区九里河、惠山区万寿河、滨湖区富安新河、新吴区伯渎河、经济开发区何古桥河等"美丽河湖"新亮点，成为市民养生休憩的"网红点""打卡地"（图2-1、图2-2）。

　　作为因水闻名的城市，无锡利用依湖近水的优势做足"水文章"、做强"水经济"，不断实现新跨越、跃上更高平台，已率先从全面小康跨入实现经济社会现代化阶段。截至目前，无锡地区生产总值超1.5万亿元；规模以上工业总产值超2万亿元；全市

图 2-1　"江南人家尽枕河"的水乡风情

图 2-2　与水系交融共生的无锡市区风貌

工业企业突破 8 万家；人均 GDP 近 20 万元，保持全国大中城市首位；进出口总额超 1000 亿美元；科技进步贡献率连续 10 年江苏第一；入围"中国企业 500 强"等四张榜单企业数保持江苏第一。立足产业发展实际和未来发展趋势，初步形成"465"现代产业体系格局。物联网产业规模超 4000 亿元，位居全省第一，成功入选国家首批先进制造业集群。集成电路产业规模超 2000 亿元，占全省五成，综合实力全国第二。软件、生物医药等新兴产业成为无锡产业新支柱，产业规模近 2000 亿元，均位居全国地级市前列（图 2-3）。

图 2-3　无锡古运河的繁华夜色

2.2 因水而忧

水是无锡的优势，但在另外一个层面，也逐步演变成了无锡的忧患。尤其是快速城市化以来，由于水务基础设施建设进度与城市发展不匹配，导致一系列的水问题出现，水生态承载能力总体薄弱，城市洪涝灾害时有发生，水质恢复提升任重道远，更是发生了在世界范围具有负面影响的太湖水环境危机事件。因此，客观来讲，改革开放后，如何进一步协调好水与社会、城市发展的关系始终是摆在无锡面前不可跨越的命题，在某种程度上，可以说无锡"优于水，亦忧于水"。

（1）太湖水环境危机

2007年4月底，太湖西北部湖湾梅梁湖等出现蓝藻大规模暴发。根据水利部太湖流域管理局对小湾里水厂、锡东水厂、贡湖水厂水源地的监测，5月6日叶绿素a含量在小湾里水厂水源地最高（259μg/L），贡湖水厂水源地次之（139μg/L），锡东水厂水源地为53μg/L，叶绿素a在太湖西北部湖湾全部超过40μg/L。至5月中旬，蓝藻在梅梁湖等湖湾进一步聚集，分布范围不断扩大。5月16日太湖梅梁湖犊山口水质变黑，蔓延并波及小湾里水厂，致使小湾里水厂于22日停止供水。现场监测发现，小湾里水厂水源地附近蓝藻大量死亡，水质发黑发臭，并逐步向梅梁湖湾口蔓延。

2007年5月28日晚，污水团进入贡湖水厂，自来水恶臭难当，不仅不能喝，连洗澡都不能用，手沾一下那臭水，臭味半个小时都散不去。29日，抢购矿泉水的狂潮开始，各大超市里的纯净水被一抢而空，据一个无锡市市民回忆，他从5点半下班，跑了6个超市，在人群里挤了3个小时，最后只抢到了5大桶水。街边的小贩们乘机肆意拉抬瓶装水和桶装水价格，造成严重社会影响。30日上午，无锡市很多公司就已经开始放假。同时，中央电视台、新浪网等都报道了无锡自来水变臭的消息，无锡臭水事件开始受到全国关注（图2-4、图2-5）。无锡市除锡东水厂之外，其余占全市供水70%的水厂水质都被污染，给200万无锡市群众的生产生活造成了巨大影响，造成了惨重的经济损失，引起了全国的广泛关注，党中央、国务院对此高度重视。继2005年松花江事件之后，水污染又成为全社会关注的热门话题。

图 2-4　贡湖水厂取水口附近受污染情况（2007 年 5 月 30 日）

图 2-5　太湖的蓝藻水华（2007 年 5 月 31 日）

　　2007 年 6 月 1 日，无锡市委、市政府召开紧急会议，启动应急预案，就自来水水质问题进行研究，并连夜部署实施 6 项紧急措施：加大从长江调水力度，改善太湖水质；强化自来水处理；加强水质监测；加大蓝藻打捞力度；组织净水采购；人工增雨。并通过地方媒体及时向公众披露消息，避免市民过度恐慌，加大市场成品饮用水供应量。市政府要求自来水公司全力以赴，不计成本采取技术措施强化处理，使自来水出厂水质除臭味指标达到国家《生活饮用水卫生标准》GB 5749—2006；水质监测相关部门要严格按照规定，加大监测力度，24 小时值班，发现异常情况立即报告；加大对蓝藻的打捞力度；商贸部门要组织好净水采购，力保市场供应和稳定；近期将视天气情况实施人工增雨作业、努力改善水质。

6月1日，无锡市政府宣布，6月收取半价水费。

6月5日上午，在国务院新闻办举行的新闻发布会上，国家环境保护总局介绍了应对蓝藻暴发的五大应急措施：第一，启动补水机制，从长江向太湖进行补水，使太湖水位达到合理的高度，从而为减少蓝藻暴发创造条件；第二，实施化片分工，建挡打捞，也就是说在建围挡减少外来水华蓝藻聚集的基础上，安排专人采用打捞的方法把蓝藻捞出来，因为蓝藻在湖里死亡之后就使水有臭味；第三，加强对涉及排磷、排氮的监督管理工作，全面排查涉及排放磷、氮的企业，超标排放的一律停下来，达标排放的也要根据太湖湖体中氮磷的承受能力实行限产限排，同时也要求江苏省对太湖流域今后所有排放磷、氮这样的污染企业停止审批；第四，鉴于无锡今年的水华蓝藻暴发和今后一个时期还将会存在蓝藻暴发的实际情况，要求地方政府制定蓝藻暴发的应急预案；第五，根据国外治理蓝藻的经验，研究为太湖流域购买捞藻船的可行性，也就是说要研究在太湖流域设置几条捞藻船比较合适，从太湖流域发生蓝藻开始就进行打捞，这样就会减轻蓝藻暴发的危害。

6月6日，无锡市人民政府发布通告，告知全市人民，经卫生监督部门连续监测，无锡市自来水出厂水质达到国家饮用水标准，实现正常供水。市委书记、市长亲自带头喝烧开的自来水，进一步让市民们放心。同时，市政府公布了此次蓝藻污染的根本病因，是目前严重依赖化肥和农药的农业耕作方式。由于在原材料、能源和运输方面的补贴使得化肥价格过低，更鼓励了农业对于化肥的依赖，从而埋下了蓝藻暴发的病根。

6月11日，国务院太湖水污染防治座谈会在江苏无锡召开。时任中共中央政治局常委、国务院总理温家宝作出重要指示：太湖水污染治理工作开展多年，但未能从根本解决问题。太湖水污染事件给我们敲响了警钟，必须引起高度重视。要认真调查分析水污染的原因，在已有工作的基础上，加大综合治理的力度，研究提出具体的治理方案和措施。

同日，无锡市政府也发布消息称，自5月30日以来，环保部门在全市共检查了439家企业的排污状况，已责令9家超标排污企业整改，勒令3家企业限排，对12家企业做出行政处罚，有1家企业报呈市政府建议关停或搬迁（图2-6）。无锡市政府也在其官方网站"中国无锡网"的首页醒目位置，开通了"举报违法排污，保护我们的母亲湖"专题信箱，接收网民的举报线索。

图 2-6　太湖岸边蓝藻堆积地中正在腐烂的蓝藻（2007 年 6 月 20 日）

（2）重大的洪涝安全事件

无锡市区地处太湖北部的武澄锡虞水网平原，是太湖流域主要易涝洼地之一，历史上洪涝灾害相当严重。据统计，无锡历史上自 1121—2000 年，共出现洪涝灾害 373 次，相当于 2.4 年出现一次，洪涝概率较高。中华人民共和国成立以来，无锡发生特大洪涝灾害的年份有 1954 年、1962 年、1991 年和 1999 年等。

1954 年：太湖流域发生严重水灾，汛期（5—9 月）雨量 980.7mm。梅雨期长达 56 天（6 月 5 日—7 月 30 日），梅雨量达 410mm。连绵的大雨和暴雨引起江湖并涨，7 月 28 日无锡南门水位出现 4.73m 高水位。洪涝并至，致使市区退水缓慢，高水位持续时间长，南门水位超警戒时间长达 141 天。其中，水位 4.00m 以上天数达 91 天，4.50m 以上水位持续 27 天。无锡市区受淹面积 15km^2（含近郊），受淹户 18500 多户，停产工厂 100 余家，受淹时间长达 80 多天，经济损失达 1.6 亿元（当年价格水平，下同），约占当年工农业总产值的 25%。

1962 年：台风成灾。9 月 5—7 日，无锡遭受 14 号台风袭击，无锡市区 24 小时最大雨量达 214.6mm，南门水位从 9 月 5 日的 3.36m 猛升到 9 月 6 日的 4.64m，一天之内涨幅达 1.28m。暴雨初期太湖水位较低，为 3.53m（低于无锡原警戒水位 3.59m），洪水可排入太湖。当南门水位降至 4.13m 时，已与太湖水位持平，下降迟缓，致使南门 4.00m 以上水位持续了 42 天（9 月 6 日—10 月 17 日）。该年无锡城区受淹 7700 户，停产工厂 12 家，半停产工厂 18 家，经济损失 1000 多万元。

1991 年：特大洪涝。汛期降雨量达 1216.1mm，5 月 21 日—7 月 14 日梅雨量 792.2mm，最大一日暴雨为 162.6mm，最大三日暴雨量为 295.7mm（7 月 1 日—3 日）。南门水位 7 月 2 日达到 4.88m，超过历史纪录，整个汛期南门超过原警戒水位 3.59m 达 76 天，其中超过 4.00m 水位天数达 60 天，超过 4.50m 水位天数 19 天。

全市受淹面积近 164 万亩,受灾面积近 104 万亩,工厂受淹 7197 家,停产半停产企业 3751 家,城乡居民住宅进水 30.8 万户,受灾人口达 98 万人,倒塌房屋 2.13 万间,死伤人数 126 人,36 万群众被迫临时撤离家园。市、郊区受淹面积 24.45km²,建成区受淹面积 18.45km²,占建成区的 28.4%。全市直接经济损失超过 30 亿元,间接经济损失 70 亿元,其中市区直接经济损失 10.5 亿元。这场洪涝灾害来势之猛,范围之广,时间之长,均超过 20 世纪以来发生的特大洪涝灾害的历史记录(图 2-7)。

图 2-7　无锡水灾老照片

1999 年:太湖流域大范围降雨,形成流域性特大洪涝。该年因受 3 号台风影响,6 月 6 日入梅,7 月 20 日出梅,梅期 45 天,梅期总雨量 583mm,汛期雨量为 1125.6mm,到 6 月 10 日达到 3.66m,之后连续阴雨天,水位不断升高,至 7 月 1 日南门水位达到当年最高值 4.74m,整个汛期中南门水位超 4.50m 以上的时间为 4 天,但超过 4.0m 以上的时间长达 51 天,超过原警戒水位 3.59m 的时间长达 107 天。是年无锡市遭遇了比 1954 年还要严重的特大洪灾,但由于太湖治理工程的作用,全市直接经济损失仅 9 亿元,其中市区约 0.3 亿元。此外,市区共有住宅受淹 4251 家,受灾人口 1.51 万人,受淹企业 98 家,受淹农田 8672 亩,受淹鱼池 1212 亩。

2015 年:受副热带高压增强北抬和北方冷空气南下共同影响,6 月 15 日夜到 17 日,无锡市普降暴雨到大暴雨,全市平均过程雨量达到 177mm,其中青阳站降雨量达 245.8mm。受强降雨影响，全市河网水位上涨迅猛，大运河、锡澄运河等主要河道均出现超历史水位，洛社站最高水位达到 5.36m，无锡站最高达 5.18m，青阳站达 5.33m。27—30 日，无锡市锡澄地区再次遭遇短历时暴雨袭击，全市平均降雨量 28.0mm，最大点降雨量为江阴定波闸 73.2mm，大运河、锡澄运河等主要河道持续高水位，无锡站最高水位达 5.12m，超警戒水位 1.22m；洛社站最高水位达 5.35m，超警戒水位 1.35m；青阳站最高水位达 5.32m，超警戒水位 1.32m，比历史新高仅低0.01m；甘露最高水位达 4.53m，超警戒水位 0.73m；太湖平均最高水位达 3.90m，超警戒水位 0.10m。据统计，全市共有江阴、宜兴、锡山、惠山和滨湖 5 个市（区）受灾。其中 6 月 15 日到 17 日第一次强降雨受灾人口约 6.9 万人，住宅受淹 1.78 万户，农作物受灾面积 1.72 万亩，成灾 0.45 万亩，水产养殖损失 1.84 万吨，停产企业 712家，因洪涝灾害造成的直接经济损失 3.73 亿元。29 日到 30 日第二次降雨受灾人口约14.33 万人，住宅受淹 2 万户，农作物受灾面积 21.25 万亩，成灾 2.8 万亩，经济作物损失 2758 万元，林果损失 37.2 万棵，水产养殖损失 0.96 万吨，停产企业 1253 家，因洪涝灾害造成的直接经济损失 7.8838 亿元。

2016 年：入汛前 4 月面雨量为多年同期降雨的 2.19 倍，入汛后 5 月、6 月、7 月面雨量分别比历年同期多 89.9%、78% 和 72.1%。全市面平均梅雨量 543.2mm，是常年的 2.25 倍，比 2015 年多 84.4%。无锡站、直湖港站最大 15 日降水量分别超历史 8.2% 和 31.2%。受连续降雨影响，无锡市各地河网水位持续上涨，锡澄地区 7 月 3 日达到最高水位，宜兴地区 7 月 5 日达到最高水位。全市共有 6 个站点水位超历史。大运河无锡站最高水位 5.28m，比 2015 年最高水位 5.18m 高 0.10m，较1991 年最高水位 4.88m 高 0.4m；锡澄运河青阳站最高水位 5.34m，比历史最高水位 5.32m（2015 年 6 月 17 日）高 0.02m。据统计，无锡市 7 个市、区出现洪涝灾害，受灾人口 20.13 万人，转移人口 2.36 万人；农作物受灾面积 34.44 万亩，成灾 0.04 万亩；工矿企业受淹 884 家，公路中断 43 条次，损坏堤防 111 处，因灾直接经济损失 5.13 亿元。

第3章

治水实践

从"河长制1.0"到"河长制3.0"
从"水"到"岸"的太湖水环境全面治理
从"排水达标区建设"到"污水处理提质增效达标区建设"
从"黑臭水体治理"到"美丽河湖建设"
从"圩区"到"大包围"

为切实保护好赖以生存和发展的"水命脉",多年来,无锡直面"水问题",多措并举,统筹发力,在国家相关要求的基础上,结合自身发展需求,进一步提标提质,提升工作标准,在河长制管理、太湖水环境治理、污水处理提质增效、黑臭水体治理、城市防洪等领域开展了一系列的探索和实践,取得积极进展。

3.1 从"河长制 1.0"到"河长制 3.0"

无锡是河长制的发源城市之一,2007 年暴发的太湖水蓝藻危机,不仅为长期粗放经济增长方式敲响了警钟,更开启了无锡"铁腕治污"时代,河长制便诞生于此时。

在河长制 1.0 版本时代,无锡市从顶层引领入手,以"十个深化"为主要内容,形成区、镇、村三级管理网络,实现全水域河长制管理全覆盖。

在黑臭水体治理中,无锡市打造"河长制管理 2.0 版",抽调了住建、环保、水利、交通、城管等部门的精干力量集中办公,并实行河长办、治水办合署办公机制,在"建"和"管"两个方面加强河道治理,有效破除"九龙治水"的困局。并相继出台 9 项工作制度和 4 个专项方案,从制度层面压紧压实河长工作责任,强化各级河长的工作执行力。

在"美丽河湖建设"中,无锡河长制工作以水质消劣为核心,坚持"系统治理、综合施策",全面打造"河长制 3.0 版",在方案设计、制度健全、河长履职、河湖治理、亮点打造等方面迈上了更高台阶。对河流实施"一河一长、一河一策、一河一档",实现"明河跟暗河同治,水里跟岸上同治,政府与百姓共治"三个同治。

无锡河长制发展历程

2007 年 8 月,无锡市委、市政府出台《关于举全市之力开展治理太湖保护水源"6699"行动的决定》《关于全社会动员全民动手开展环保优先"八大"行动的决定》,无锡市委办公室、市政府办公室又联合印发《无锡市河(湖、库、荡、氿)断面水质控制目标及考核办法(试行)》《无锡市治理太湖保护水源工作问责办法(试行)》,将河流断面水质检测结果"纳入各市(县)、区党政主要负责人政绩考核内容",无锡市、县两级党政主要负责人分别担任 64 条河流的"河长",标志着无锡河长制正式走向实践探索。

2008 年 9 月，无锡市委、市政府印发《关于全面建立"河（湖、库、荡、氿）长制"全面加强河（湖、库、荡、氿）综合整治和管理的决定》，在全市范围全面推行河长制管理模式。各市（县）、区相继出台河长制管理文件，明确了组织原则、工作措施、责任体系和考核办法。颁布实施《无锡市水环境保护条例》，为实行"河长制"管理提供法律保障。至年底，全市 815 条镇级以上河道纳入"河长制"管理。

2009 年，《无锡市河道管理条例》颁布实施，将河长职责和相关工作要求以地方性法规的形式进行了明确。至年底，无锡市镇级以上 1280 条河道全部纳入河长制管理，从制度上全面强化对河湖的综合整治和长效管理，促进了全市河湖水质的不断提升，全市 79 个河长制管理断面水质达标率 78.5%，111 个水功能区考核断面水质达标率 87.4%。

2010 年，无锡河长制管理覆盖到全市所有村级以上河道，市、县（区）、镇（街道）、村（社区）四级河长全部落实，各级河长分工履职，责权明确。无锡市河长制工作办公室制定了《无锡市 2010 年"清河行动"工作方案》，对全市 43 条市区重点黑臭河道开展"清河行动"，按照"一河一图、一河一动态影像、一河一情况说明"的要求进行综合整治。至年底，全市 79 个河长制管理断面水质达标率 91.1%，111 个水功能区考核断面水质达标率 92.7%。

2011 年，全市河长制管理工作重点围绕河长制工作办公室职能履行、河长职能履行、重点工作推进和断面水质达标四大方面开展。在全省率先实施农村河道定期轮浚机制，完成农村河道疏浚 897.2 万立方米。各地以河长制为制度依托，结合区域水环境特点，着力打造示范亮点工程，以点带面，提升了区域水环境质量。43 条"清河行动"河道的排水达标区建设任务基本完成。至年底，全市 111 个水功能区考核断面水质达标率为 93.5%，12 个国家考核断面水质达标率 100%，主要饮用水源地水质达标率 100%。

2012 年，无锡市河长制工作办公室建立了河长定期巡查和水质定期监测制度，省（市）级河道、省定主要入湖河道实行季巡查，市级以下河道实行月巡查，并及时通报监测结果。市、县（区）、镇（街道）三级河长制工作领导小组办公室全部实现挂牌办公，落实了河长制工作办公室机构职能，夯实了河长制管理工作基础。组织开展全市河长制志愿者活动，全市河长制志愿者总人数达 1200 余人。长广溪水利风景区成功创建为无锡第一家国家级水利风景区。

2013 年，无锡市河长制工作办公室建立了河长约谈制度，进一步强化了河长水环境治理责任。各地不断深化机制体制创新，"断面长制""片长制"等具体的管理机制先后建立。

2014 年，全市镇级以上有 815 条河道制作并竖立起《河长制管理公示牌》，公示牌表明河道基本情况、河长姓名和电话、河长职责等内容，竖立在河岸醒目位置，广泛接受来自社会的监督、投诉和举报。全市各市（县）、区因地制宜，建立了河长分级约谈、以奖代补、督查考核、检查通报等多项管理制度。

2015 年，全市 14 个市级以上湖泊完成保护规划编制，13 个省管湖泊明确湖泊管理单位，极大促进了河湖治理、生态修复，河长制管理经验从无锡走向全国。太湖治理突破了太湖蓝藻、太湖淤泥资源化利用难关，太湖蓝藻开拓了沼气发电、有机肥、藻粉出口等资源化利用途径，淤泥固化成功解决了每年百万吨计太湖淤泥的出路，太湖治理创出治标治本的"无锡模式"。

2016 年，无锡市人民政府出台《无锡市河道环境综合整治工作方案（2016—2020 年）》《无锡市市区黑臭水体整治工作方案》《无锡市水污染防治工作方案》，以河道水质改善、断面水质达标为核心，以控源截污、清淤活水、调水引流、河岸整治和生态修复为主要工程手段，遵循"控源截污优先"的原则，大力开展 161 条河道环境综合整治，推动城市黑臭水体整治和长效管理，打造安全、清洁、健康的城乡水环境。全市 5653 条河道全部纳入河长制管理范围，每条河道都竖立"河长公示牌"。11 月 15 日，人民日报社江苏分社专题采访调研无锡市在推行"河长制"工作上的特点、亮点和典型经验。12 月 5 日，央视《焦点访谈》栏目采访报道无锡河长制工作。

2017 年 3 月，无锡在全省率先制定出台《无锡市全面深化河长制实施方案》，走出一条具有无锡特色的水生态文明建设道路。全市所有河道、湖泊、水库实现河长湖长全覆盖，共落实河长湖长 3163 名，设立河湖长公示牌 6040 块。全市重点整治的环境综合治理河道和黑臭水体都明确了市（县）、区级河长，并在《无锡日报》进行公示。这一年，在市水利局增设内设机构河湖管理处，承担河长制办公室具体行政职责。同年，无锡市河长制工作领导小组出台《无锡市河长制工作督察制度（试行）》《无锡市河长制工作检查巡查制度（试行）》《无锡市河长制工作水质通报制度（试行）》《无锡市河长制联席会议制度（试行）》《无锡市河长制数据信息共享制度（试行）》《无锡市河长制信息报送制度（试行）》等六项工作制度和《无锡市级河长制工作考核办法（试行）》，河长制工作体制机制更加健全。贡湖湾湿地、胶山南新河、马山顾家渎等地河长制工作登台央视媒体，中央电视台、人民日报、新华日报等省级以上主流媒体 49 次来无锡采访报道河长制工作经验（图 3-1）。

图 3-1　贡湖湾湿地

2018 年，无锡在全省范围内率先召开全市河长大会、全市河长制领导小组成员扩大会议，部署坚决打赢"黑臭水体歼灭战、断面达标攻坚战、水质提升持久战"。无锡市委、市政府印发《关于进一步明确河长在河道环境综合整治工作中的职责任务的通知》，明确各级河长"四项主体责任"，全面压紧压实各级河长河道整治第一责任人的职责，积极推动河长制湖长制工作从"有名"到"有实"，推进全市生态河湖建设。无锡市获评首批"国家生态文明建设示范市"，锡山区、宜兴市、惠山区、滨湖区先后获评"国家生态文明建设示范市县"，数量位居全省第一；无锡市及所辖江阴市、宜兴市在全国率先建成水生态文明城市群；建成梅梁湖、长广溪等7个国家级水利风景区，5个省级水利风景区，数量位于全省前列（图3-2）。

图3-2　长广溪国家级水利风景区

2019年，无锡市河长制工作办公室出台《关于进一步压实河长责任的意见》，进一步细化了市、县、镇、村四级河长湖长责任。开展《无锡市河道管理条例》修订工作，进一步细化河长制工作机制、河长和部门职责、考核奖惩等规定，为全面深化河长制工作提供了坚实的法治保障。启动建设无锡市河长制信息化平台，开发使用河长（APP）人大代表客户端，助推各级人大代表积极参与河湖长制工作。11月，无锡、苏州建立望虞河联合河长制，开创了江苏省设区市之间全面建立联合河长跨界治水的先河。

2020年3月，总投资5200万元的无锡河长制信息化平台全面启动建设，构建集"水质监测、数据在线传输、主要河湖全天候监控、河长电子化巡河、指令实时传达、公众积极参与"等功能于一体的智慧河长信息化平台，全面提升全市河湖长制工作信息化水平（图3-3）。9月，无锡市政府办公室出台《关于无锡市美丽河湖三年行动（2020—2022年）的实施意见》，对全市所有河湖水域岸线及放射3公里范围内，通过入河排污口专项整治、清除水面垃圾杂物、打击河湖"三无"船舶等十大专项行动，着力打造美丽河湖"无锡样板"，展现美丽河湖"无锡形象"。无锡与湖州签署太湖蓝藻防控协作机制合作协议，先后与苏州、南通、泰州、常州签订长江河道采砂管理联合联动协议，提升流域区域重点河湖共保联治水平。

2021年，无锡市委、市政府主要领导联合签发年度第1号总河长令《关于全面深化全市域美丽河湖建设攻坚行动的动员令》，先后出台《关于开展新一轮河道环境综合整治水质达标攻坚行动的实施意见》《关于推进全市幸福美丽河湖建设的实施意见》《新一轮河道环境综合整治水质达标"百日攻坚"行动方案》等文件，部署开展新一轮552条河道环境综合整治、水质达标攻坚行动，

图 3-3　无锡市智慧河湖长制综合管理平台

深化全市域美丽河湖建设，启动京杭大运河无锡段、梁溪河"两河"整治提升工程建设。至年底，全市高标准建成 80 条市级、64 条区级美丽示范河湖，71 个国省考断面优Ⅲ比例 93%（首超 90%），552 条新一轮综合整治河道水质优Ⅲ比例 76.3%（较整治前提升 44.5 个百分点），主要入江入湖河流水质全面达到Ⅲ类。2021 年，太湖高质量实现连续 14 年安全度夏。河湖治理无锡实践作为生态文明建设新时代治国理政案例由国务院发展研究中心在北京专场向国际社会发布。

2022 年 2 月，无锡市委、市政府已连续七年用首个全局性会议部署治水工作。2022 年 5 月，无锡市美丽河湖办公室印发《无锡市美丽幸福河湖评价工作指南（试行）》《无锡市美丽幸福河湖建设指引（试行）》，进一步规范全市美丽河湖评价工作，816 条美丽河湖示范建设写入市委、市政府年度高质量发展考核内容。6 月，无锡市河长制工作办公室印发《无锡市河长湖长履职办法（试行）》，全面压实全市河湖长治河管河责任，规范各级河湖长履职行为，发挥河湖长履职作用，着力解决河湖突出问题，推动全市河湖长制工作有名、有实、有能、有效。同月，无锡市首个河长制主题公园建成开放，以河长制工作和水文化为主线，普及河长制、河湖治理、水生态保护等知识，提升民众知水、爱水、护水、惜水意识。加快推进京杭大运河、梁溪河"两河"整治提升工程示范段建设，构筑"水清、岸绿、景美、河畅、生态、安全"的现代区域水网，着力将群众身边的每一条河（湖）都打造成安澜之河、美丽之河、幸福之河（图 3-4）。目前，71 个国省考断面优Ⅲ比例 95.8%，552 条新一轮综合整治河道水质优Ⅲ比例 88.4%，主要入江入湖河流水质全面达到Ⅲ类。

图 3-4　无锡美丽河湖典型项目——长广溪湿地（左）、河埒浜（右）

3.2 从"水"到"岸"的太湖水环境全面治理

太湖水环境危机以来，无锡按照"清内源、减外源、扩生态"的思路，累计投入1252亿元，完成7278个重点工程，连续打出"太湖治理组合拳"，走出了一条水环境全面治理的探索之路。

探索转型发展新思路。对准工业污染治理，强化工业企业污染控制与转型升级，累计压减钢铁产能520万吨、水泥产能30万吨，关停取缔"散乱污"企业（作坊）1.25万家，关闭化工生产企业887家。现如今，无锡高新技术产业产值占规模以上工业总产值比重达49.2%。

蹚出蓝藻湖泛防控新路子。2007年至2022年，全市累计打捞蓝藻2058万吨，打捞量占全太湖打捞量的90%以上，相当于直接从湖体中捞走了5494吨氮和1378吨磷等污染物质，有效防止了蓝藻死亡腐烂后的污染物质在湖体中的积累。创造性建立了"科学化监测、专业化队伍、机械化打捞、管网化输送、工厂化处理、资源化利用、信息化管理"的蓝藻打捞处置利用"无锡模式"。

开启太湖生态清淤新阶段。2007年至2022年，无锡先后进行了第一轮太湖生态清淤和第二轮太湖生态清淤宜兴先导段、梅梁湖生态清淤试点、宜兴湖西区清淤固淤试点，同时开展了太湖常态化应急生态清淤，累计完成太湖生态清淤3062万立方米、占全太湖清淤总量的70%以上，相当于从太湖中清除了4.91万吨的氮、1.42万吨的磷和92.8万吨的有机物质，建立了阶段性大规模清淤和常态化应急清淤相结合的生态清淤体系，有效控制和减轻太湖内源污染，达到了改善水质、降低蓝藻湖泛隐患的效果（图3-5、图3-6）。

形成引江济太调水新常态。科学实施望虞河"引江济太"，2003年至2022年累计调引长江水入太湖154.4亿立方米、年均约7.7亿立方米，并利用大渲河、梅梁湖等沿湖泵站枢纽实施全年不间断调水引流，在给太湖补充优质水源、增强湖体环境容量、提高水体流动性的同时，保持太湖合理生态水位，保障了饮用水源地水质安全、供水安全和生态环境安全，对控制蓝藻湖泛发生起到了关键作用。

构建治太骨干水网新格局。加快治太骨干水利工程建设，望虞河西岸控制工程、

图 3-5 蠡湖治理前实景照片（湖面被严重开发占用）

图 3-6 蠡湖治理后实景照片

望虞河除险加固工程、走马塘工程、新沟河延伸拓浚工程、新孟河延伸拓浚工程、环太湖大堤剩余工程等国家级治太项目相继建成并发挥效益，总投资 220 多亿元，构建了畅引畅排、调度精准的治太骨干水网格局，太湖平均换水周期从 300 天缩短至 200 天。

实现入湖河道水质新提升。以河湖长制为统领，全面落实"一河一策""一断面一策""一水功能区一策"，完成 161 条河道环境综合整治，扎实推进新一轮 552 条河道环境综合整治，2022 年 26 条主要入湖河道水质全部达到或优于 III 类并达到排放浓度限值。

3.3 从"排水达标区建设"到"污水处理提质增效达标区建设"

2008 年起，无锡市为全面推进太湖治理工作，有效提升城镇生活污水治理水平，先后开展了以"控源截污、雨污分流"为核心的两轮排水达标区建设。

2008 年至 2012 年期间，无锡实施了以"控源截污"为核心的第一轮排水达标区建设，出台了《无锡市排水管理条例》，建立了排水许可、方案审核和工程验收机制，共创建排水达标区 5081 块，覆盖面积 910km^2，总投资 27.8 亿元，累计敷设地下雨污水管线 6710km、立管 2720km，规范单位用户 5.45 万家、住宅户近 100 万户。

2016 年起，无锡开展了新一轮深化排水达标区建设工作，在解决原有排水达标区遗留问题的同时，扩大排水达标区覆盖范围，将涉及重点河道、黑臭水体等严重制约环境质量的区块优先纳入新一轮排水达标区建设范围。根据《无锡市深化排水达标区建设实施方案（2016—2020 年）》的总体要求，全市确定新创建和复查整改排水达标区 5156 块。通过五年时间，全市累计排查排水户 15.4 万户，排查雨污水管网 2.82 万 km，新建和整改雨污水管网 3372.8km，修复管网各类缺陷 42.1 万处，总投资超过 40 亿元。深化排水达标区建设为全市全面提升水环境质量打下坚实基础，建成区 77 条黑臭水体全面完成整治，43 个国省考优 Ⅲ 断面达标率从 2016年的 30% 大幅提升至 88.6%，创历史最好纪录，3 条长江入江支流水质均提升一个等级，市区河道水质改善明显，从根本上解决了"问题在河里、根子在岸上"的突出问题。

"十四五"期间，无锡市按照江苏省住房和城乡建设厅《关于开展城镇污水处理提质增效达标区划分工作的通知》（苏建城〔2020〕76 号）要求，以"污水处理提质增效达标区"为抓手，持续巩固和推进污水处理提质增效工作，实现问题"回头看"和"精准攻坚"，进一步提升、完善污水收集系统效能。截至目前，"污水处理提质增效达标区"覆盖比例超过 70%。

3.4 从"黑臭水体治理"到"美丽河湖建设"

2016 年初，以太湖水环境治理为工作核心，无锡市全面部署城市黑臭水体整治工作，深入开展摸底排查，编制"一河一策"整治方案，确定整治重点，明确治理措施，到 2019 年底，全市 46 条黑臭水体完成内源治理、生态修复、调水引流等工程建设，均消除黑臭现象，部分河道周边环境显著提升，通过对河道周边公众评议调查显示，周边居民和商户对整治效果满意度均达到 90%。

无锡市在完成黑臭水体治理后，对水环境治理工作进行进一步提档升级，自 2020年起全面开展美丽河湖行动，实施十大专项整治，对全市河湖水域岸线，尤其是太湖、蠡湖、长广溪、贡湖湾、尚贤河等城市重要河湖水域岸线开展全面治理。通过开展入河排污口专项整治、清除河湖水面垃圾、清理河湖岸线违建设施、排查拆除河湖非法围网管桩、绿化美化河湖岸线景观等重点工作，建设"水清、岸绿、景美"的河湖生态环境，让百姓真正享受到"山水城市"的获得感、幸福感。

2020 年，全市建成第一批"美丽河湖"，包括宜兴市公园河、江阴市山泉河、梁溪区五河浜、锡山区北闸联河、惠山区堰桥新开河、滨湖区小湖山浜、新吴区大溪港等（图 3-7）。

图 3-7　无锡市首批美丽河湖建设项目——大溪港湿地公园

图 3-7　无锡市首批美丽河湖建设项目——大溪港湿地公园（续）

　　2021 年，无锡市继续推动全市 816 条人民群众身边的重点河湖治理，深入开展十大专项整治，着力解决河湖水域岸线突出问题，构筑生态美丽、承载文明、寄托乡愁、惠泽市民、人水和谐的"美丽河湖"风景线，为美丽河湖连线成网、串珠成链打下重要基础。其中，高标准建设、高品质打造长江示范段、新孟河、沿山河、云林滨水公园、万寿河、伯渎河、尚贤河等全市 80 条美丽河湖治理示范样本，充分发挥美丽河湖的生态景观、观光休闲、文化科普等综合功能，实现"推窗见绿、开门见景、移步进园"，全力打造人民满意的美丽河湖（图 3-8）。

图 3-8　无锡市黑臭水体治理前后对比照片

3.5 从"圩区"到"大包围"

圩区是基于圩地（农业圩）发展起来的。圩地是一种在浅水沼泽地带或江河湖海淤滩上通过围堤筑圩，围地于内，挡水于外；围内开沟渠，设涵闸，实现排水利田。简而言之，圩地就是四周被堤围着的耕地，因此又叫"围田"。

作为平原河网地区的典型城市，无锡市采取圩区的方式用以防洪，在平原河网或沿江滨湖等低洼地区，筑堤成圩，挡水于圩外，同时在圩堤上设置水闸（节制闸）和泵站，使圩内河网和圩外干河能根据需要或互相沟通，或互相分开，圩内涝水视圩内、外水位变化，或开闸自流排水，或通过水泵进行抽排，从而保证圩内正常的生产生活。

无锡市城市防洪工程建设从 1976 年起步，建成了第一个保护面积近 $15km^2$ 的北塘联圩。20 世纪 80 年代在统一规划的基础上进行了全面建设；20 世纪 90 年代，在 1991 年特大洪涝灾害后，开展了规模空前的防洪工程建设。2003 年起，无锡市开始实施运东片城市防洪工程的建设，并历经 10 年时间，建成大大小小共计 40 个防洪圩区，并逐步发展为大包围，构建形成了"严挡 + 快排"的防洪排涝格局（图 3-9），多次抵御了强降雨及强台风的侵袭，对无锡的城市排水安全起到至关重要的保障作用。

此外，无锡市围绕长江、太湖防洪等区域防洪工程体系建设，逐步建立形成了东以白屈港控制线、南以环太湖控制线、西以武澄锡西控制线、北以长江大堤控制线的区域层面防洪控制圈，防御外部洪水侵袭。区域防洪以区域性骨干河道为基础，初步形成洪涝水北排入长江、东排入望虞河、南排入太湖的防洪工程布局（图 3-10）。

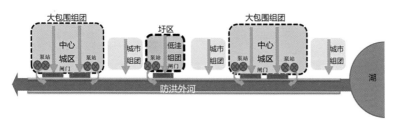

图 3-9　无锡市区现状排涝模式示意图

图 3-10　无锡市流域防洪格局示意图

第4章

新时期新需求

上位要求

内在需求

4.1 上位要求

（1）新发展阶段

党的二十大提出了到 2035 年基本实现社会主义现代化的战略目标，标志着国家发展进入全新阶段。基础设施体系的现代化是全面建设社会主义现代化国家的重要支撑，习近平总书记强调，基础设施是经济社会发展的重要支撑，要统筹发展和安全，优化基础设施布局、结构、功能和发展模式，构建现代化基础设施体系，为全面建设社会主义现代化国家打下坚实基础。

海绵城市建设作为城市基础设施建设的重要组成部分，既是落实生态文明的重要举措，又是城市平稳安全运行和品质提升的重要保障，是实实在在的民生工程。在新的发展阶段，切实落实海绵城市建设要求，转变城市规划、建设理念，充分利用城市水体、绿地、市政基础设施、各类城市建筑体等对雨水的渗透、吸纳和净化作用，最大程度实现雨水在城市区域的自然积存、自然渗透和自然净化，有利于提升无锡城市排水防涝能力和区域防洪能力，有效削减径流污染，切实改善城市水环境质量，加快构建健康完善的城市水生态系统，传承和弘扬城市水文化，重塑江南水乡园林和小桥流水人家盛景，实现人水和谐、水城共融，为建设"强富美高"新无锡提供有力支撑。

（2）新发展理念

当前，我国住房和城乡建设事业处于向高质量发展转型的关键时期，在新型城镇化、生态文明建设战略下，进入以"减量提质 存量更新"为核心的新发展阶段。住房和城乡建设部倡导各地进一步加快转变城市开发建设方式，重点加强地下空间、城市内涝、建设标准等"里子工程"建设，推动城市高质量发展，更好地满足人民群众对美好生活的向往。

海绵城市是生态文明建设背景下，基于城市水文循环，重塑城市、人、水关系的新型城市建设发展模式，是城市发展理念和建设方式转型的重要标志。在新的发展阶段下，如何紧扣"城市更新"，建立完善城市雨水全过程管理体系，为建设"更健康、更安全、更宜居"的城市提供支撑，是海绵城市建设的关键。

（3）新建设要求

立足城市发展新阶段，针对部分城市存在对海绵城市建设认识不到位、理解有偏差、实施不系统等问题，住房和城乡建设部于 2022 年 4 月出台《住房和城乡建设部办公厅关于进一步明确海绵城市建设工作有关要求的通知》（建办城〔2022〕17 号）（简称"海绵 20 条"），对海绵城市建设内涵、实施路径、项目建设要求进行了进一步的明确，并要求海绵城市建设应聚焦城市建成区范围内因雨水导致的问题，以缓解城市内涝为重点，统筹兼顾削减雨水径流污染，提高雨水收集和利用水平。避免无限扩大海绵城市建设内容，将传统绿化、污水收集处理设施建设等作为海绵城市建设项目，将海绵城市建设机械理解为建设透水、下渗设施。海绵城市建设应坚持问题导向和目标导向，结合气候地质条件、场地条件、规划目标和指标、经济技术合理性、公众合理诉求等因素，灵活选取"渗、滞、蓄、净、用、排"等多种措施组合，增强雨水就地消纳和滞蓄能力。

4.2　内在需求

立足新发展阶段、贯彻新发展理念、构建新发展格局，在城市建设和治水实践取得良好成效的同时，无锡市依然面临着不少急需解决的问题：太湖水环境保护压力依然巨大、城市面源污染控制体系不完善、排水管网和河道内源污染缺乏有效治理、城市防洪排涝体系有待继续完善、城市易涝点尚未根除、水质型缺水问题尚未得到有效解决。在践行"生态优先 绿色发展"的道路上，水依然是无锡市能否实现"高质量发展"的命脉和核心。

（1）水安全方面

1）流域层面：洪涝外排通道受阻

长江：无锡市区位于区域的最南端，外排长江线路长、效率低，靠外排长江仅能实现 20 年一遇排涝标准。

太湖：太湖水环境保护压力大，入湖口门实行严格控制（4.5m），造成无锡市尤其是运南片南排出路受阻。

望虞河：是引江济太的重要通道，为保障水量、水质，河道底水位抬高，导致西岸地区东排入望虞河的排水能力受到影响。

大运河：是区域的重要排涝通道，常州、苏州等均向大运河排水，导致雨季水位高。无锡市区雨水只能通过内部河道排向大运河，受运河高水位顶托，靠自流排向运河的雨水严重受阻，甚至出现倒灌现象。

2）城市层面：防洪体系仍需完善

目前，按照分区防洪、分片控制的方式实行城市防洪综合治理，建设城市防洪大包围，建成 40 个防洪圩区。但是，运东大包围内的二级圩、排水片以及大包围外的城市防洪，依然为历史形成的分散而陈旧的防洪体系，存在着局部段防洪标准不足、工程隐患等问题。

3）圩（片）区层面：蓄排平衡体系不健全

依然以"严挡＋快排"的模式为主，未能充分发挥水体的自然调蓄能力。对于水面率低、地势低（半高地）的"双低"片区，存在一定的排水安全隐患。

4）项目层面：易涝点（区）排水隐患

雨水管渠采用"自排为主、机排为辅"的模式，大部分区域的雨水直接排入河道，仅市政道路及距离河道较远处的雨水排入市政雨水管网。遭遇极端降雨时，部分区域依然存在一定的排水安全隐患。比如，2021 年 7 月 28 日台风"烟花"过境，全市平均降雨量达到 152.8mm，最大小时降雨量达到 68.3mm，无锡市区内共出现 18 处内涝积水点。

总体来讲，市区排水防涝防洪体系仍需进一步完善，急需进一步构建与无锡需求相吻合、与平原河网地区相匹配的综合型系统型排水防涝防洪体系。

（2）水环境方面

1）流域层面：太湖水环境保护压力

太湖是长三角城镇群最主要的供水水源地之一，水环境保护压力依然较大，仍存在局部蓝藻、轻度富营养化等问题（图 4-1）。

图 4-1　无锡市 13 条主要入太湖河流水质情况

2）城市层面：汛期河道水质不稳定（图4-2）

外因：闸口封闭，清水补给河网能力下降，河道流动性降低，自净能力下降。气温因素。

内因：降雨径流带来的面源污染缺乏有效控制，入河污染负荷增加。"小散乱"排污问题有待进一步强化控制。

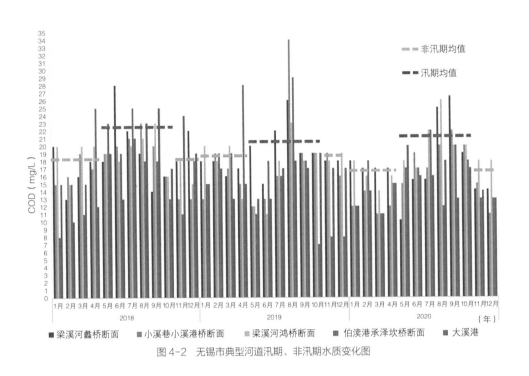

图4-2 无锡市典型河道汛期、非汛期水质变化图

3）圩（片）区层面：断头浜加剧水动力不足问题

无锡地势平缓，河道流动性相对较差，加之城市建设中出现大量断头浜，进一步加剧了水动力不足问题，尤其是老城区内的镇级、村级河道，断头浜众多。以梁溪区为例，断头浜长度占河道总长度的8.45%；断头浜的断头侧河道淤塞较为严重，水体流动性差，水环境恶化。通过EPA-SWMM软件构建水动力模型，将河道、湖荡等纳入模型，对水系连通前后水动力情况展开模拟，结果显示，河网水体换水周期平均为22天，约60%河道的流速低于0.1m/s。

4）项目层面：河道形态和水文特征人为干预较为严重

在城市建设过程中，由于历史原因或建设条件受限，不少河道在治理时采用硬化、渠化岸线，削弱了水体生态功能，导致自净能力和生物多样性明显下降。根据相关调查结果，无锡市河道岸线共划分为 Ⅰ－Ⅸ类等 9 种岸线，其中，Ⅶ～Ⅸ类（亲水性差、河道以渠化岸线为主、生态功能受损较为严重）占比超过 25%。

总体来讲，无锡市在水环境方面的建设需求为：以城市降雨径流污染控制助推城市水环境的进一步改善，急需构建与无锡发展阶段相吻合、与太湖流域水环境治理相匹配的水污染控制体系。

第5章

海绵理念落地生根

试点探索
示范推进

立足新时期，面向新形势，锚定新需求，无锡意识到推进海绵城市建设既是国家生态文明战略所指，也是高质量转型发展所需，更是人民群众所盼，只有持续贯彻落实海绵城市的理念，才有可能进一步解决新时期城市水系统面临的新问题。

为此，无锡市于2015年开始推进海绵城市建设，面对新的理念、面对新生事物，躬耕不辍、孜孜以求，推动海绵城市建设工作不断深入、步步拓展、层层递进，2017年成为江苏省海绵城市建设试点，2021年成为国家第一批系统化全域推进海绵示范城市，由"试点"到"示范"，由"项目"到"片区"，由"工程"到"体系"，海绵城市建设理念在无锡大地上落地生根、开花结果。

5.1 试点探索

2017年，无锡市入选江苏省第二批省级海绵城市建设试点，按照"试点先行、全面推进"的工作思路，在梁溪区核心区古运河旅游风光带划定了总面积21.02平方公里的试点区范围（图5-1）。在推进省试点建设时，无锡并没有局限于试点区，而是以试点区为基础、全面探索海绵城市推进模式，以试点区为带动、全面落实海绵城市建设理念。

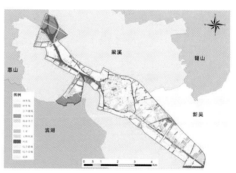

图 5-1　省级海绵城市建设试点区范围图

（1）推进机制

无锡市于2016年5月成立了市海绵城市建设推进工作领导小组，并指导各区成立了区级海绵城市建设工作推进机构，初步建立了"市区两级、部门联动"的顶层组织架构，为全域系统化、条块结合推动海绵城市建设奠定了基础。按照政府主导、全社会共同参与的目标，采取了多种手段进行宣传，开展现场宣传活动，通过广播电台、电视、报纸等传统媒介普及海绵城市建设理念，全面介绍、宣传无锡市的海绵城市建设进程。开通了海绵城市建设微信公众号，定期提供并更新无锡市海绵城市建设工作动态、技术指南、学习交流等方面的信息与技术，全面宣传海绵城市建设相关内容。

（2）顶层设计

制定并下发了《市政府办公室关于无锡市推进海绵城市建设的实施意见》（锡政办发〔2016〕53号），完成了《无锡市海绵城市专项规划（2016—2030）》的编制报批工作，并以实施意见和专项规划为引领，连续制定2017、2018年度海绵城市建设重点工程实施方案。为强化绩效考核，2019年，将海绵城市建设任务纳入城乡建设目标任务书，明确了各区的海绵项目达标率、典型项目、连片示范建设等三方面的海绵城市建设要求，强化了海绵城市建设的统筹推进和实施。

（3）项目管控

按照"嵌入式"管控思路基本探索形成了"两阶段"管控模式。一是强化管控技术标准研究和制定。先后制定印发了《无锡市海绵城市建设项目技术审查流程（试行）》《无锡市海绵城市建设工程竣工验收管理暂行办法》《关于进一步加强海绵城市建设项目设计审查工作有关事项的通知》《无锡市海绵城市建设项目设计编制及审查技术要点（试行）》《无锡市老旧建筑小区海绵化改造技术指南（试行）》等文件，建立了建设技术管控体系，并将审查要求"嵌入"基本建设程序，强化了海绵项目从土地出让、规划审批、图纸审查、施工监管、工程验收的全过程管理，确保各项海绵建设要求落实。二是突出"两阶段"审查重点。专项方案阶段，突出对"一图、一表、一书"的审查。"一图"是指海绵设施总平面布置图，重点审查海绵设施布局的合理性；"一表"是指海绵设施规模统计表，以便为施工图审查提供依据；"一书"是指海绵设施计算书，通过对海绵设施计算书的重点审查，核查项目海绵建设相关指标是否达到要求。施工图预审查阶段，突出"景观设计图、管线综合图、海绵设施布置图"三图叠加预审。由技术支撑单位对海绵项目施工图进行预审，审图中心依据预审意见对海绵项目施工图进行审查，全面贯彻落实设计相关标准。施工阶段，严格按照国家和省住房和城乡建设厅有关标准规范要求落实相关施工建设，派遣专人进行施工现场巡查、监督及记录，及时发现、反馈出现的问题。项目竣工验收阶段，严格执行验收管理办法，全面保障海绵项目建设质量。

（4）项目实施

试点区累计实施海绵建设项目共计100项，其中，源头减排类项目58项，过程控制类项目25项，末端治理类项目42项，信息管控平台项目1项。通过布设的35套海绵监测数据表明，显义桥小游园、妙光苑等项目的年径流总量控制率均达到85%以上，径流污染削减率达70%以上，建设项目均实现预期目标（图5-2）。

图例

- 严重积水
- 易产生积水
- 内涝积水
- 管网升级
- 海绵绿地
- 道路改造
- 河道整治与生态修复
- 排水达标区改造
- 海绵公园
- 海绵绿地
- 广场改造
- 公建改造
- 地块出让
- 新建住宅
- 老旧小区改造

0 0.5 1   2   3   4 km

图 5-2 省试点项目分布图

为提升海绵项目建设质量和水平，无锡市结合试点建设，以点代面、全面推进，选取代表性强的典型项目进行重点培育，其中，建筑小区类有妙光苑、水车湾、羊尖镇实验小学等项目（图 5-4）；道路广场类项目有广南立交、金城路、桐桥港路等项目；公园绿地类项目有玉祁文昌公园、景渎、景云海绵公园、惠山古镇、古运河环城步道等；河道水系类项目有许溪河、前进河、丁巷浜、戴顶浜等。其中，无锡"广南立交海绵城市建设项目""金城路海绵城市建设项目""雪梅路海绵公园建设项目"3 个项目入选江苏省海绵城市建设典型项目案例集，三星 SDI 景观化改造项目入选《中国建设报》"中国特色海绵样板"，净慧海绵公园获江苏省优质工程奖"扬子杯"（图 5-3）。

据统计，试点建设期间（2017—2020 年），无锡市全市累计实施海绵城市建设相关项目 386 个，项目类型包括建筑与小区、城市道路、公园绿地、城市水系、排水

图 5-3 净慧海绵公园

图 5-4　禾嘉苑改造前后对比图

管网、污水场站等，海绵城市达标面积 70.1 平方公里，占城市建成区 22.4%，完成总投资 102 亿元。

（5）技术探索

积极开展技术标准制定和研究，为全面推进海绵城市建设技术支撑。一是开展专题技术研究。无锡市试点区地处老城区，海绵化改造诉求多元、产权复杂等矛盾众多，为解决这一问题，组织开展了《老旧小区海绵化改造技术研究》编写工作，旨在为老旧小区海绵改造提供可复制、可推广的经验。无锡地处河网水系发达的江南水乡，河道污染严重，水体水质普遍较差，针对河道治理方面存在的问题，开展了《环城古运河综合整治》专题研究。为提升无锡市道路环境质量，开展了《人行道结构及材料方案》专题研究、《基于海绵城市背景下生态透水路面构建的关键技术及示范工程研究》专题研究，不同专题的技术研究与应用为各类项目建设提供了支撑与依据。二是强化技术培训。坚持请进来、走出去，加强海绵城市建设从业人员培训和继续教育。多次邀请专家针对审图人员、管理单位、建设及施工单位开展海绵城市规划、设计、管理、施工专题培训。

5.2　示范推进

2021 年 4 月，无锡积极响应财政部、住房和城乡建设部、水利部关于开展系统化全域推进海绵城市建设示范工作的要求，书记、市长亲自指挥，市相关部门积极筹备。5 月 17 日，在南京参加省内竞争性评审，获得江苏省推荐名额。5 月 28 日，参加财政部、住房和城乡建设部、水利部组织的全国竞争性评审，书记、市长亲自参加答辩，最终从 31 个城市中脱颖而出。6 月 8 日，公示完成后，正式成为全国首批系统化全域推进海绵城市建设示范市。

（1）建设目标

全面建成"内外兼修、独具特色、示范引领"的海绵城市，打造具有鲜明无锡特色、适用于平原河网地区的雨水全过程管理体系，城市排水防涝防洪能力有效提升，城市水环境承载力明显增强，城市水生态系统质量稳步改善，形成引领太湖流域的城市治水的新模式、新路径，争创成为全国海绵城市建设"示范中的示范"。

雨水全过程管理体系基本形成。坚持蓝绿灰相结合，生态措施与工程措施并举，提升城市内涝防治能力，整体实现 50 年一遇（214.8mm/24h）的内涝防治标准，打造具有鲜明"江南水乡"特点的城市雨水管理体系。推进城市雨水系统"减污降碳"，统筹雨水径流污染控制与收集利用，打造覆盖"源头－过程－末端"的全过程径流污染控制体系，有效提升雨水收集与利用水平。

人居环境与生态品质持续优化。统筹实施美丽无锡、美丽河湖、城市更新等行动，全力推进区域流域生态修复、城市水体保护与修复、城镇老旧小区改造、城市水环境治理等工作，确保天然水域面积保持率不低于 100%，完善自然排水系统，建设生态排水设施，提升可透水地面面积比例，最大限度地减少城市开发建设对自然水文特征的影响，努力实现城市水体的自然循环。

规建管协同管控模式有效建立。结合"放管服"改革，坚持体制创新，增加审批内容、不增加审批流程，建立完善海绵城市推进机制、考核机制、管理机制，构建具有可复制、可推广价值的规划、建设、管理、运维一体化管控模式，实现"统一指挥、部门协作、市区联动、统筹推进"的格局，为有序推进示范建设各项工作奠定坚实基础。

全链条产业创新体系引领全国。着力构建以市场为导向、企业为主体、高校院所为支撑的海绵城市全链条产业科技创新体系，加快产、学、研、用一体化协同推进，打造以智能化、绿色化、系统化为核心内涵和鲜明标志的国内一流、具有国际影响的海绵城市产业高地。

（2）指标体系

结合三部委关于海绵示范城市的创建要求，先后编制《无锡市系统化全域推进海绵城市建设示范城市实施方案》、无锡市海绵城市建设示范城市绩效目标、《无锡市系统化全域推进海绵示范城市建设行动计划》等，确定了示范期内海绵城市建设管控要求（表5-1）。

表 5-1　无锡市海绵示范城市创建管控指标表

指标类型	序号	指标	单位	现状值	示范期末目标值
建设进度指标	1	海绵城市建设达标比例	%	25.14	40
雨水全过程管理具体建设指标	2	防洪标准	—	—	运东大包围区域山北北圩—山北南圩—盛岸联圩 200 年一遇，太湖新城、锡东新城、惠山新城 100 年一遇，蠡湖新城、无锡新区 50~100 年一遇
	3	城市内涝防治设计重现期	—	—	50 年一遇（214.8mm/24h）
	4	内涝积水区段消除比例	%	71	100（每年新发现积水点，年内消除）
	5	年径流总量控制率	%	—	各预计达标片区达到既定目标要求
	6	城市面源污染削减率	%	—	各预计达标片区达到既定目标要求
	7	雨水资源化利用	万吨 / 年	—	1008
	8	天然水域面积比例	%	22	22
	9	可透水地面面积比例	%	—	40

注：可透水地面面积比例：市辖区建成区内具有渗透能力的地表（含水域）面积，占建成区面积的百分比。

（3）建设原则

坚持把生态优先、绿色发展作为海绵城市建设的核心内涵，统筹推进经济生态化与生态经济化，着力提升经济社会发展的"绿色含量"；坚持把以人为本、内外兼修作为海绵城市建设的鲜明导向，积极回应群众关切，着力提升城市品质，既靓化城市

"面子",又夯实城市"里子";坚持把系统谋划、彰显特色作为海绵城市建设的必要前提,切实将海绵城市理念融入城市开发建设更新全领域,着力改善城市水生态环境,铸造经济社会发展的"绿色屏障";坚持把整体推进、重点突破作为海绵城市建设的重要路径,围绕美丽无锡建设,紧扣高质量发展,着力补短板、强弱项,推动城市水系统全面升级;坚持把全民参与、共建共享作为海绵城市建设的有效保障,建立健全政府、社会和公众协同推进机制,增强价值认同,凝聚整体合力。

（4）技术路线

围绕打造具有鲜明无锡特色、适用于平原河网地区的雨水全过程管理体系的建设目标,深入分析现状本底特征、城市发展历史和建设现状,从流域层面、城市层面、设施层面、项目层面对当前存在的水安全问题和水环境问题进行研判,并按照系统化全域推进海绵城市建设示范城市的要求,从流域层面洪涝统筹、城市层面蓄排平衡、运行管理联排联调、积水点位动态消除等方面,建立覆盖雨水管理全过程的工程体系,并以汇水分区（片区）为单位,明确源头减排、过程控制、系统治理项目,逐步扩展到"城乡全区域"和"建设全领域"（图5-5）。

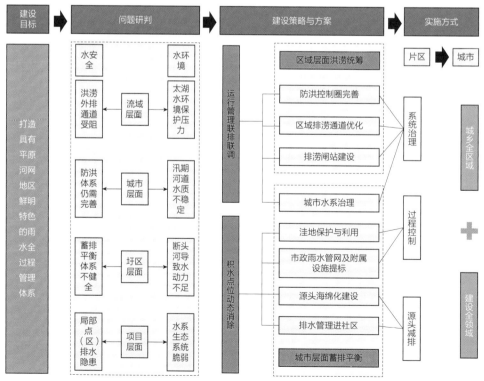

图5-5　技术路线图

（5）建设任务

结合示范城市创建任务，按照"点面结合、有序实施"的原则，无锡市累计共安排示范城市创建 366 个建设项目（其中，入库项目 212 个），包括 67 个老旧小区海绵化改造项目、9 个城市更新片区海绵城市建设项目、89 个房屋建筑及住宅小区海绵城市建设项目、61 个道路类海绵城市建设项目、2 个广场类海绵城市建设项目、17 个公园绿地类海绵城市建设项目、53 个水系海绵城市建设项目、15 个防洪排涝类项目、37 个排水设施详查及改造项目等，总投资 220.3 亿元。

第6章

实施模式

高位推动—部门协同—社会参与的组织推进机制
全域推进—系统实施—片区示范的建设推进机制
立法引领—模式规范—全程管控的建设管控机制

经过多年实践和探索，无锡在实施路径、推进机制、管控制度方面系统施策、统筹发力、不断完善，逐步形成了一条具有无锡特色的海绵城市建设实施模式，为海绵城市建设科学、高效、有序推进提供了坚强支撑和有力保障。

6.1 高位推动—部门协同—社会参与的组织推进机制

（1）高位推动

在海绵城市建设中，书记、市长高度重视，多次批示，亲自部署，成立了由市长任组长的海绵城市建设推进工作领导小组，负责统筹部署海绵示范城市建设工作，定期召开会议，听取阶段性进展汇报。并将进一步成立区级海绵城市建设推进工作领导小组，实现市区两级联动，发挥领导小组牵头抓总、统筹协调作用（图6-1）。

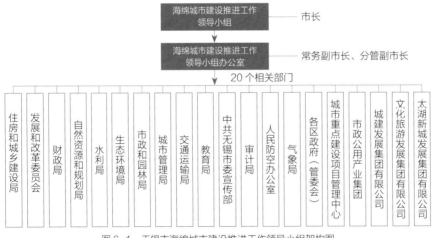

图6-1 无锡市海绵城市建设推进工作领导小组架构图

无锡入围全国首批系统化全域推进海绵城市建设示范城市后，杜小刚书记第一时间提出"无锡要建设成为全国海绵城市'示范中的示范'"，进一步明确了海绵城市建设的总体要求和目标定位。

2022年，无锡市委、市政府联合印发《关于扎实推进系统化全域海绵示范城市建设的实施意见》（以下简称《实施意见》），确定了海绵城市建设一个总体要求、五大关键任务，市政府办公室基于《实施意见》印发了《无锡市系统化全域推进海绵示范城市建设行动计划》，并同步印发《无锡市海绵城市建设专项资金管理办法》《无锡市系统化全域推进海绵示范城市建设绩效考核办法》，至此，形成了无锡市海绵示范城市建设的"1+3"纲领性文件，并在全国层面率先提出四个"系统化"、两个"全域"的"无锡认识"，即：坚持"推进系统化、建设系统化、技术系统化、产业系统化"发力，在"城乡全区域、建设全领域"落实海绵城市建设要求（图6-2）。

图 6-2 四个"系统化"、两个"全域"的无锡认识

此外，为进一步统一思想，提高认识，凝心聚力，市分管领导定期组织召开全市海绵城市建设工作动员部署会，每年下发涉及住建、市政园林、水利等12个市直部门和市平台公司，以及下辖6个区和2个县级市的海绵城市建设工作《年度目标任务书》，明确年度建设任务，实行挂图作战。

通过高位推动，横向上强化了"部门联动"，纵向上强化了"市区联动"，形成了协同推进海绵城市建设的良好局面。

（2）部门协同

●职责分工有效协同

针对海绵城市建设涉及多系统、多部门、多专业的特点，建立完善多部门协同推进机制，在海绵城市建设推进工作领导小组的统筹领导下，强化部门合作和协同推进，并推动各职能部门创新工作模式、细化职责分工、加强协同配合，形成既各司其职又齐抓共管的工作合力。

市住房和城乡建设局：负责示范城市创建的日常工作，督促指导、协调推进全市海绵城市建设，定期对各区、各部门开展绩效考核；负责牵头制定全市海绵示范城市建设实施方案、系统化技术方案；将海绵城市建设相关工程措施要求纳入施工图审查、施工许可、竣工验收备案等环节；施工图审查应按照国家、省、市相关海绵设施建设的要求进行设计文件审查，并明确海绵设施建设的审查结论，符合审查要求的核发施工许可证；牵头组织海绵城市建设相关技术导则、标准图件编制工作和创新研究，并开展技术培训；搭建海绵城市规划建设管理一体化信息平台。

市发展和改革委员会、市行政审批局：负责将海绵城市建设项目计划与公共基础设施建设项目计划等相关城市建设投资计划相结合，纳入年度相关计划，指导建设单位在项目前期论证中落实海绵城市建设理念。

市财政局：加强财政资金统筹和中央奖补资金使用管理，配合相关职能部门积极向上争取资金补助，探索创新多元化投入保障机制，支持市级海绵城市建设。

市自然资源和规划局：负责在国土空间规划中积极落实海绵城市建设理念，划定城市重点绿线、蓝线，管控严控绿线、蓝线，编制详细规划和相关专项规划要体现海绵城市专项规划要求；修编海绵城市专项规划，将海绵城市建设要求纳入规划设计条件，在设计方案审查阶段，会同建设部门对海绵城市建设内容进行审查，符合审查要求的核发规划许可证；指导、监督各县（区）、经济开发区自然资源规划部门在项目审批中落实海绵城市建设要求。

市市政和园林局：负责市政公用设施、园林绿化的海绵城市设施的后期养护行业管理，配合制定负责领域的技术导则，开展创新研究，参与海绵城市建设规划及建设项目的评审和工程竣工验收工作。指导、监督各县（区）、经开区市政园林部门及相关责任部门做好海绵城市设施维护管理工作。

市水利局：负责水库、湖塘、河道等涉水建设项目，配合制定负责领域的技术导则，开展创新研究，指导、监督各县（区）、经开区水利部门及相关责任部门做好项目实施工作。

此外，为进一步强化各相关单位工作落实，无锡市构建了日常考核和年终考核相结合的绩效考核模式，基于各成员单位《年度目标任务书》开展常态化绩效考核工作，并建立海绵城市推进工作简报制度，形成"工作通报"与"考核排名"两大手段，并将海绵城市纳入高质量发展综合考核体系，提升考核力度，推动各项工作落地落实。

●建设内容有效协同

强化洪涝统筹。海绵城市建设以来，无锡统筹推进统筹城市防洪和内涝治理，率先创立了"流域层面洪涝统筹、城市层面蓄排平衡、运行管理联排联调、易涝点治理一点一策"的城市内涝治理"无锡模式"，通过对太湖、长江、大包围防洪控制系统进行联排联调，汛期预降水位，形成了流域、区域、城市协同匹配的系统治理机制。2021年台风"烟花"过境时，无锡遭遇近十年台风降雨量第一（最大日190.3mm，最大小时66mm)的暴雨，全市1000多座水利工程实施联排联调，仅江阴市7天内累计向长江

图 6-3　梁溪河综合整治工程

抽排了相当于 4 个蠡湖的水量，有效降低了内河河网水位，加之充分发挥 3000 多个河、湖、塘的"蓄滞"功能，海绵城市建成后实现了"小雨不积水、大雨不内涝、暴雨不成灾"的目标（图 6-3）。

　　强化雨污同治共管。海绵城市建设以来，无锡创新推进"雨污同治共管"，结合"江苏省城镇污水处理提质增效示范城市"继续实施污水处理提质增效精准攻坚"三消除""三整治""三提升"行动，以期实现"污水不入河、外水不进管、进厂高浓度、减排高效能"。借鉴污水处理达标区建设的思路，无锡继续以"一个排水分区"为单元系统推进雨水排放单元达标建设，编制全国首个《雨水排放单元管网系统化改造技术导则》，探索形成了适用于平原河网地区的"以水系为围合的雨水排放单元"技术模式。截至 2023 年底，无锡地表水体水质达标率达 95% 以上，9 条入江支流和 25 条主要入太湖河流水质全部达到 Ⅲ 类及以上，太湖无锡水域水质、藻情创 2007 年以来同期最好水平，荣获江苏省政府督查激励（图 6-4、图 6-5）。

（3）社会参与

　　产业支撑。弘扬"工商立市"传统，成立无锡市海绵城市产业研究院，依托环保产业基础，进一步加大扶持和激励力度，发展海绵产业和海绵经济，促进传统优势环保产业集群转型升级，推动海绵城市加快实现"产学研用"一体化。截至目前，无锡市初步

图6-4　蠡湖水环境深度治理后实景照片（一）

图6-5　蠡湖水环境深度治理后实景照片（二）

构建了以市场为导向、企业为主体、高校院所为支撑的海绵城市全链条产业科技创新体系，孵化出一批集科技创新、研发生产、方案设计、施工及售后服务为一体的海绵城市产业链的服务商，进一步拉动社会资本投入，形成了较为完备的海绵产业链，拥有50余家本地海绵企业，海绵设施均实现本地化量产。其中，玻璃轻石、雨水弃流净化装置、无机透水混凝土等创新产品（图6-6），在全国具有较高的影响力。

图 6-6　无锡本土海绵产品——玻璃轻石

公众参与。坚持"以人民为中心"理念，充分发挥舆论引导作用，深入宣传海绵城市建设的重大意义和政策措施，定期邀请大师、知名专家进行授课，先后邀请了杨保军、郑克白、张兵洪等专家针对建设单位、设计单位、施工单位、监理单位开展了海绵城市专项设计标准、设计施工重难点专题技术培训，累计受众超 12000 人次，显著提高了无锡市海绵从业人员能力水平（图 6-7）。在人民网、澎湃新闻、无锡日报等网络和电视平台进行海绵城市建设宣传推介。推进海绵城市宣传进社区，在旧改项目中以宣传单、海报、展牌等方式进行方案征询意见，并对海绵知识、工程概况等进行宣传，实现居民全过程参与。2023 年 9 月政府开放月期间，市海绵城市建设推进工作领导小组办公室（以下简称"海绵办"）发起"市民最喜爱的'十大海绵项目'"网络投票活动，共有 3 万余市民对全市 50 个海绵城市项目进行了投票，经票选和现场复核，评选出以景苑二期安置房、东北塘元象公园、梁溪河景观带为代表的项目，涵盖了建筑小区、公园绿地、道路广场、海绵水系等（图 6-8）。利用"无锡市海绵城市建设"微信公众号连续推出多期"无锡市海绵示范城市建设行动计划八大要点、你问我答"一张图科普宣传，累计阅读量已超 28 万人次。组织与无锡市第一女子中学结对

图 6-7　无锡市海绵城市建设日常工作培训（2023 年）

"海绵城市进校园"活动，借助市主流媒体和网络平台多渠道发声，充分展示海绵城市建设的成效。据最新的年度海绵城市群众满意度调查显示，全市群众整体满意度达99.2%。

图 6-8　2023 年度无锡市"群众最喜爱的十大海绵项目"发布暨海绵设施（排水）管理进小区启动会

6.2 全域推进—系统实施—片区示范的 建设推进机制

（1）全域推进

在全域完善海绵城市建设体系。贯彻"大海绵"理念，挖掘无锡山水环绕、临江傍湖的自然禀赋，以太湖、长江、湖荡为主体，连通湖泊、河流、湿地、山体、森林、农田等生态廊道和板块，统筹推进太湖生态保护圈、江阴长江生态安全示范区和宜兴生态保护引领区建设，构建"八片山林涵养区、四片田园雨洪调蓄区、十大湖荡调蓄区和一张密布水网"的区域海绵生态空间格局，建立完善全市域"大海绵"骨架。围绕平原河网地区典型特征，强化水网的排涝和调蓄作用，进一步优化完善区域洪涝通道，扩大区域北排入江能力，妥善安排区域东部涝水出路，无锡在现状"八纵六横"骨干河网水系主框架基础上，增加界河—富贝河、洋溪河两条横向骨干河道，同时考虑直湖港已列入新沟河，形成"七纵八横"的骨干河网水系主框架，既增加了区域水系横向调节作用，也加强了区域调蓄能力。

在全域落实海绵城市建设理念。按照"城乡全区域、建设全领域"落实海绵城市建设要求的原则，将海绵城市建设范围由建成区扩展至市区，市区内非建成区建设项目执行与建成区统一的管控要求和建设标准。并由市区扩展至市域，将江阴、宜兴纳入海绵城市绩效考核范围，实现全市域统筹推进海绵城市。

（2）系统实施

坚持海绵惠民、海绵利民、海绵为民，统筹实施美丽无锡、美丽河湖、城市更新等行动，推进城市生态功能完善、城镇老旧小区改造、城市水环境治理等工作，不断优化城市生态环境，提升城市生态品质，持续改善城市水环境（图6-9）。在改建、扩建项目中采用"+海绵"模式，坚持问题导向，切实改善人居环境，协同解决内涝积水问题、径流污染控制、排水设施不健全等人民群众关心、关注的问题。

结合城市更新行动，将海绵理念有机融入城市的"新陈代谢"中，先后探索在市政府确立古运河（东门段）滨水空间城市更新等重点项目中实施"+海绵"行动，实现片区环境品质、功能、空间特色的综合更新。"城市更新+海绵"类项目在保留历史文化特色立面和铺装的基础上，采用化整为零、点线结合的海绵设施布置策略，将大运河、太湖等文化意向符号融入生态树池、线性排水沟、溢流井箅子等的设计中，打造了一批以太湖广场城市更新为代表的，集生态、休闲、科普和文化展示为一体的精品海绵化改造项目。

图 6-9　宛山湖生态治理工程实景照片

结合"江苏省城市生命线安全工程建设试点"，以海绵城市理念实施城市雨洪灾害风险管控，打造城市内涝防治智慧化监管场景，强化内涝预警和风险管理，提升排涝韧性。通过持续完善防洪保护圈建设，推进运东大包围等区域病险堤防除险加固，完善太湖新城、惠山新城等区域防洪工程，实施闸站提升、易涝点治理、智慧水利监测等项目，统筹提升城市内涝防治、应急恢复的能力和速度。

结合"江苏省美丽宜居城市试点"，厚植海绵城市底色，以水为媒，理水筑境，成功打造了新吴区新安美丽宜居社区、滨湖区河埒街道稻香完整社区等一批颜值高、生态效果好、提升片区水安全韧性的海绵城市项目，让城市更宜业、更宜居、更宜乐、更宜游，为人们带来"美丽无锡 + 海绵"的实惠（图 6-10~ 图 6-12）。

结合美丽河湖行动，以海绵城市理念为引领，在全面实施生态岸线、控源截污、清水循环、常态化底泥疏浚的基础上，采用工程措施与生态措施相结合、水景与绿景相结合的方式，进一步实施海绵型美丽河湖建设，营造形态美、特色明、活力强、底蕴厚的滨水公共空间。如今，长广溪、九里河、泰康浜等一条条"美丽河湖"已成为老百姓周末的亲水好去处。

图 6-10　尚贤河湿地实景照片

图 6-11　河埒浜提标改造工程实景照片

　　结合老旧小区改造，强化海绵赋能，让无锡老旧小区既"面子新"也"里子实"。总结印发了《无锡市老旧建筑小区海绵化改造技术指南（试行）》，融合适老社区、儿童友好型社区等理念，提出雨落管断接、雨水箅子立改平、管道非开挖智能检测修复等改造技术，提供"菜单式"海绵改造指引。滨湖区蠡湖街道的震泽新村小区老旧小区改造过程中因地制宜选用了多项该指南中的技术，改造效果获得了《人民日报》的认可和宣传。

结合口袋公园建设，将公园绿地品质提升与海绵城市理念深度融合，让百姓游园的同时亲身感受"隐藏式"海绵城市建设成效。通过微下沉式绿地、彩色透水铺装、池塘水生态修复等"＋海绵"措施，打造了河埒社区亲水小游园等一批口袋公园，解决了百姓关心的公共活动空间不足问题。

图 6-12　峰影河水环境综合整治实景照片

（3）片区示范

为强化连片示范效应，结合城市发展架构，统筹谋划、突出重点、点面结合，策划并打造了锡东新城高铁商务区、洗砚湖生态科技城、中瑞生态城等六大海绵连片示范区。在示范片区建设中，采用片区包干方式，由责任单位统筹谋划、统筹实施，探索海绵城市理念"嵌入式"的城市建设发展模式，突出"项目间的系统性"，突出分区管控，明确各排水分区建设要求，以分区为单位安排居住社区、道路广场、公园绿地、城市水系等项目，打造具有连片效应、引领效应的海绵城市集中展示区（图6-13、图6-14）。

图6-13　太湖广场生态园项目实景照片

图6-14　锡东新城海绵示范片区实景照片

6.3 立法引领—模式规范—全程管控的 建设管控机制

（1）立法引领

运用法治思维和法治方式，完善依法治理体系，不断提升海绵城市建设的法治化水平，推动出台海绵城市建设的地方性政策法规《无锡市海绵城市建设管理条例》（以下简称《条例》），使海绵城市建设进入"法治化"轨道。《条例》共6章43条，从规划建设、运行维护、保障支持等方面作出规定，具有鲜明的地方特色。

在规划建设方面，《条例》明确市、县级市住房城乡建设部门应当会同有关部门组织编制海绵城市专项规划，提出海绵城市建设总体目标和具体要求；编制控制性详细规划以及制定海绵城市建设实施方案时，应当根据专项规划，落实海绵城市建设管控指标，因地制宜推进海绵城市建设。明确市住房城乡建设部门应当会同有关部门组织编制海绵城市建设技术导则和评价标准，规范海绵城市项目建设；要求新建、改建、扩建建设项目应当落实海绵城市建设管控指标，并明确市、县级市人民政府根据国家和省有关要求，制定海绵城市建设豁免清单，纳入豁免清单的项目，在建设审批环节对其海绵城市建设管控指标不作强制性要求；规定建设项目的海绵城市设施与主体工程同步设计、同步施工、同步验收

图6-15 蠡湖水环境深度治理后实景照片

和同步投入使用；要求有关单位和部门在建设项目策划和方案设计、初步设计、施工图设计审查以及施工许可、竣工验收等环节，采取多种措施，落实海绵城市建设相关要求。

在运行维护方面，《条例》规定公园绿地、道路广场、河道水系的海绵城市设施运行维护，由其主管部门负责；公共建筑、商业楼宇、住宅小区等的海绵城市设施运行维护，由所有权人负责；对于运行维护主体不明确的海绵城市设施，规定由所在地人民政府按照谁使用、谁维护的原则确定。明确运行维护主体的管理责任。规定运行维护主体应当建立健全管理制度，配备相应的专业维护人员和设备，加强日常巡查、维修和养护，设置必要的警示标识等。明确建立统一的运行维护服务标准。规定市住房城乡建设、市政园林、水利、交通运输等部门应当制定行业领域的海绵城市设施运行维护服务标准。

在保障支持方面，《条例》明确市、县级市、区人民政府及其有关部门应当依托城市运行管理平台，提升海绵城市建设管理信息化水平。规定市、县级市、区人民政府应当将政府投资项目的海绵城市设施建设费用列入项目投资，运行维护费用纳入项目整体运行维护费用；市、县级市、区人民政府及其有关部门应当鼓励和支持海绵城市建设产业研究和技术创新，完善产业扶持政策，推广运用海绵城市建设新技术、新工艺、新材料。同时，明确政府有关部门以及有关单位应当开展海绵城市建设管理人员业务培训，加强海绵城市人才队伍建设；住房城乡建设等部门可以建立专家库，为海绵城市建设咨询论证、成效评估等提供技术服务。规定市、县级市、区人民政府应当建立海绵城市建设定期评估制度，为海绵城市建设管理提供科学支持。

另外，《条例》对于建设单位在海绵城市建设过程中违反相关强制性标准降低工程质量、擅自变更经施工图审查机构或者专家评审委员会审查通过的海绵城市设施设计内容进行施工的行为，以及未经验收或者验收不合格的海绵城市设施交付使用的行为，依法设置了相应法律责任。

此外，结合无锡江南水网城市特点，从"水网"作为平原河网地区城市海绵城市建设最核心的载体和骨架角度出发，按照"水岸共治"的原则，将海绵城市建设与水系及滨水空间建设管控相结合，出台《无锡市大运河梁溪河滨水公共空间条例》，明确了水系治理中海绵城市建设理念落实的具体要求，以期打造更宜居更美丽的滨水空间。

（2）模式规范

在规划管控上。无锡立足平原河网特征，依托山水林田湖草基底要素，高标准、高质量编制了示范城市建设实施方案和系统化建设方案，形成了市级海绵示范城市建设的"作战蓝图"。按照系统化全域推进海绵城市建设要求，完成了《无锡市海绵城市建设专项

图 6-16　无锡运河艺术公园海绵城市建设项目

规划》修编工作，并组织各区编制了区级海绵城市专项规划。市级规划定目标、定分区、定指标，区级规划定方案、定项目、定时序，形成了"纵向传导、各有侧重"的市、区两级海绵城市专项规划体系，明确和固化了 312 个管控分区，并将年径流总量控制率、径流污染削减率等指标分解落实到控制性详细规划中的具体地块（图 6-15、图 6-16）。

在技术管控上。加强海绵城市技术攻关和技术支撑，着力破解海绵城市建设本地化的关键问题，形成一批"无锡标准""无锡规矩"。针对建筑、水系、道路、绿地等不同类型项目，形成覆盖设计、施工、验收、运维等全生命周期的技术标准体系。在试点期间，印发《无锡市海绵城市建设项目设计编制及审查技术要点（试行）》等 10 个地方标准，在示范城市创建期间，印发《无锡市海绵城市建设项目设计指引（试行）》《无锡市海绵城市建设项目评价标准（试行）》《无锡市雨水排放单元管网系统化建设技术导则》《无锡市海绵城市建设项目施工与运行维护导则（试行）》等 7 个地方标准（图 6-17）。强化创新引领，开展了包括《国家"十四五"重点研发计划课题"城市社区生态服务功能提升技术集成与应用示范"项目》《无锡地区浅部黏土"海绵化"改良技术研究》《用于海绵城市建设的多功能生物玻璃轻石材料研发》等一批引领型、实用型、攻关型的课题研究，坚持"绵绵用力、久久为功"，持续完善本地海绵城市的能力支撑体系。

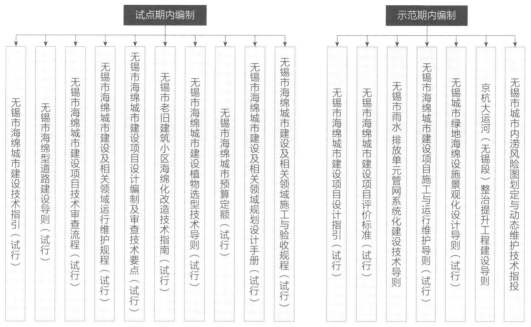

图 6-17　能力建设保障体系

部分技术导则简介

《无锡市海绵城市建设项目设计指引（试行）》

（1）为设计全过程提供指引

围绕海绵城市设施设计要点及各类项目设计要求和规定，结合无锡实践基础，对建设项目海绵城市设计涉及的设计参数、设计目标、海绵设施设计、项目雨水组织等的技术要求进行明确，形成了本地化建设标准。

（2）关注海绵设施本土化应用需求，提供新技术、新产品设计参数

结合无锡自然环境特点对海绵设施进行针对性改善优化，采用经过本地实践的、行之有效的新技术、新工艺、新材料及新设备，总结相关科研和生产实践经验，推动雨水资源化利用技术和相关产业的发展。

围绕海绵设施适用性、技术设计要点、景观设计要点、构造详图、植物模块等，明确各类设施的细部构造参数，提供设施规模计算公式、海绵设施附件计算公式（如路缘石开口计算、溢流井过流能力计算等），提供设施构造彩色剖面图，针对设施特点搭配植物组团，以供设计参考选用（图 6-18）。不仅从技术角度关注海绵设施的可实施性，也从景观美学角度，对海绵设计提出新要求，进一步提升无锡市海绵城市建设精细化水平。

（3）提炼各类项目特点，总结技术路线

明确项目设计需建筑、园林、道路、给水排水、勘察、结构、水利等专业相互配合、相互

图6-18 海绵设施景观设计指引图

协调。提炼四大类项目特点，分类介绍技术路线、一般规定等内容，明确项目建设各系统之间应相互衔接。各类项目提供案例示意，有效帮助设计人员直观感受无锡市对海绵城市项目设计水平的要求，提供可复制的成功经验，进一步指导新项目的设计。

（4）明确设计报审文件要求及审查要点

海绵城市建设项目设计文件结合无锡海绵建设项目"嵌入式"管理要求编制，形成统一的图件、图面表达。以图表的形式列出图件组成、设计深度要求、审查要点、制图元素等内容，更加清晰直观。

《无锡市海绵城市建设项目评价标准（试行）》

（1）首创海绵城市建设项目评价标准

为高质量推进海绵城市建设，切实做好建设项目的海绵评价工作，推动建设项目海绵城市建设质量提升，在对照国家、省海绵城市建设有关要求的基础上，充分研究海绵城市实施过程中的经验和教训，通过归纳总结，形成了全国首个海绵城市建设项目评价标准，可为规范化的评价工作提供技术支撑。

（2）评价内容全面，覆盖项目建设全生命周期

评价标准囊括了项目设计、施工及运维等各建设阶段的评价内容，对各阶段工作明确了具体评分细则，可有效保障项目建设全生命周期的质量，避免了以往"重设计，轻实施""重建设，轻运维"等问题。

（3）评价指标直观合理，可操作性强

在评价指标设置中，规避如年径流总量控制率、面源污染去除率、内涝防治标准等无法直接测算的指标，更多围绕"因地制宜、简约适用"的基本原则，设置"灰绿"比例、雨落管断接比例、设施规模与服务范围比例等指标，一方面便于测算打分，同时也能进一步保障项目建设效果（表6-1、表6-2）。

表 6-1　径流组织评价要点

评价要点	评价条文	评价分值
屋面雨水收集处理	宜对建筑雨落管进行断接处理，将屋面雨水接入下沉式绿地、雨水花园等源头设施内进行调蓄、净化，评价总分值为 10 分，并按下列规则评分： （1）雨水立管断接排水的汇水面积加上绿色屋顶面积不小于屋面总面积的 40%，得 4 分； （2）雨水立管断接排水的汇水面积加上绿色屋顶面积不小于屋面总面积的 60%，得 8 分； （3）雨水立管断接排水的汇水面积加上绿色屋顶面积不小于屋面总面积的 80%，得 10 分	10
铺装路面雨水收集处理	宜通过路缘石开口、坡向控制、接管引流等形式，将不透水路面雨水引入下沉式绿地、雨水花园等源头设施内进行消纳处理，评价总分值为 10 分，并按下列规则评分： （1）场地内 40% 以上不透水路面雨水通过源头设施收集，得 4 分； （2）场地内 60% 以上不透水路面雨水通过源头设施收集，得 8 分； （3）场地内 80% 以上不透水路面雨水通过源头设施收集，得 10 分	10
	场地内人行铺装路面宜采用透水铺装材料，评价总分值为 5 分，并按下列规则评分： （1）可透水地面面积比例大于 40%，得 2 分； （2）可透水地面面积比例大于 50%，得 4 分； （3）可透水地面面积比例大于 60%，得 5 分	5
高位绿化水土流失处理	场地高位绿化周边宜设置卵石沟、植草沟等收边措施，以防止雨水将泥浆冲刷至路面，实现对水土流失控制，评价总分值为 5 分，并按下列规则评分： （1）场地内 40% 以上高位绿化周边设置有收水设施，得 2 分； （2）场地内 60% 以上高位绿化周边设置有收水设施，得 4 分； （3）场地内 80% 以上高位绿化周边设置有收水设施，得 5 分	5
海绵雨水系统与传统排水衔接处理	植草沟、雨水花园、下沉式绿地等源头设施汇流路径上游不宜有传统雨水口，确保设施功能有效发挥，评价总分值为 5 分，当设施进水口上游 3m 以内有传统雨水口，每有一处扣 1 分	5

表 6-2　技术适宜性评价要点

评价要点	评价条文	评价分值
生态优先，绿色优先	坚持生态优先、绿色优先的原则，考虑经济性及长期适用性，合理配建灰色海绵设施，如环保型雨水口、雨水罐、雨水收集池等，雨水花园、下沉式绿地等海绵设施调蓄水量与灰色设施调蓄水量比例，可按以下规则进行评分，评价总分值为 10 分： （1）新建项目：绿色设施调蓄水量与灰色设施调蓄水量比例大于等于 40% 的，得 5 分；大于等于 60% 的，得 10 分； （2）改建项目：绿色设施调蓄水量与灰色设施调蓄水量比例大于等于 60% 的，得 5 分；大于等于 80% 的，得 10 分	10
因地制宜，简约适用	雨水花园、下沉式绿地等具有调蓄能力的海绵设施规模与汇水范围相协调，避免出现不匹配的情况，评价总分值为 20 分，雨水花园、下沉式绿地等源头绿色设施服务面积与设施面积比例宜介于 3~5，不符合的每有一处扣 1 分	20
	结合场地自然条件，尽量保护原有海绵体，评价总分值为 5 分，按下列规则分别评分并累计： （1）保护并合理利用场地内原有的自然水域、湿地、坑塘、沟渠等的面积规模达到 60% 及以上，得 3 分； （2）保护并合理利用场地内原有的自然水域、湿地、坑塘、沟渠等的面积规模达到 80% 及以上，得 5 分	5

续表

评价要点	评价条文	评价分值
因地制宜，简约适用	结合雨水综合利用营造室外景观水体，并采用保障水体水质的生态水处理技术，评价总分值为5分，并按下列规则分别评分并累计： （1）景观水体具有雨水调蓄功能，得1分； （2）室外景观水体利用雨水的补水量大于水体蒸发量的60%，得2分； （3）雨水径流进入室外景观水体前，利用生态设施削减径流污染（采取水质预处理措施，大型水设施预留清淤通道），评价得分1分； （4）利用水生动、植物保障室外景观水体水质，评价得分1分	5
	绿化灌溉、景观水体补水和道路冲洗采用净化后雨水的用水量占其总用水量的比例不低于40%，得5分；不低于60%，得10分	10

（4）鼓励创新实践，提升海绵效能

评价标准中设置了创新实践加分项，各加分项的设置更多是结合以往项目经验，引入鼓励性建设指标，旨在提升项目建设效能，提高海绵城市展示度，同时鼓励在不改变使用功能的基础上，对传统海绵设施做法进行优化、改良，切实减少项目成本投入或降低施工难度，形成可复制可推广的经验。

《无锡市海绵城市建设项目施工与运行维护导则（试行）》

（1）强调海绵景观效果，满足精细化管理要求

基于精细化管理要求，本导则强调了海绵城市施工与运行维护阶段的海绵设施景观效果，满足"魅力无锡、品质无锡"的城市建设管理要求，突出"无锡特点"。着重强调图纸交底、现场管理与实施细节等全过程管控，本导则规定海绵专项图纸与景观图纸应保持一致或实现一张图，强调溢流井、反冲洗口等施工细节，确保海绵设施功能和景观统一性等；总结整理植物搭配与维护要求，强调景观化手法（图6-19）。

（2）关注设施长效功能，明确施工运维重点细节

针对现场常见的施工问题，重点强调竖向标高控制，以实现自然排水；施工准备、施工过程和质量验收过程中的标高控制；明确旁站监理等具体实施要求。为便于施工人员理解，解决施工错误造成海绵设施功能减弱的问题，举例标明相对标高，规定溢流井与进水口的位置关系。

为提升海绵设施的功能和使用体验感，强调雨水花园等调蓄设施的排空时间控制。根据无锡地区的特性，为防止滋生蚊虫，创新性提出表层积水排空时间2~4小时。明确相关换土施工的旁站监理，施工期间的排空试验等，同时强调运营期间对海绵设施排水功能的巡查和运维。

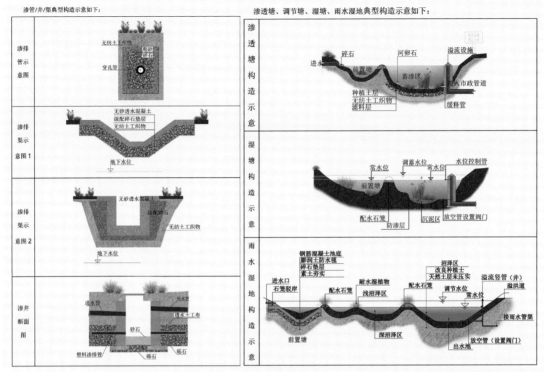

图 6-19　部分海绵设施的典型构造图

（3）更新设施可视化表达方式，满足施工运维人员解读需求

针对施工群体，本导则绘制了可视化强的海绵设施构造图，并补充了各项案例示意讲解，有效帮助施工人员直观理解海绵设施的各项实施要点。运行维护部分将维护内容与频率以表格的形式列出，形成简单指导手册，增强可操作性。

《无锡市城市绿地海绵设施景观化设计导则（试行）》

（1）创新视角，提升美学效果

导则不同于以指标为关注重点的传统海绵城市建设，而是从景观美学角度，针对无锡海绵城市建设存在的目标单一、美感经验不足、专业缺少联动等问题，探究了海绵设施如何与景观结合，为提高项目美学效果、观赏价值提供技术路径，支撑打造海绵城市与景观设计深度结合的生态化多功能景观。

（2）理论结合实际，实用性强

导则将理论与实际充分结合，规范性梳理海绵城市的概念、定义以及相关设施等，从海绵设施选址与布局、景观设计方法、植物选择与配置，将海绵设施与应用技术集成，增强导则的专业性与实操性。附录中的"公共绿地海绵设施推荐植物类型一览表"给设计人员提供了无锡常见常用的植物类型的样式选择（表 6-3）。

表6-3　公共绿地海绵设施推荐植物类型一览表（部分）

序号	中文名	生态习性			集雨型绿地应用类型			
		耐淹性	耐旱性	耐盐碱性	植草汇水明沟	集雨缓坡雨水花园	雨水滞留区雨水湿地	WTS人工强化滤池
1	旱柳	★★★	★★★	★★★		√	√	
2	乌桕	★★★	★★★	★★★		√	√	
3	柽柳	★★★	★★★	★★★		√	√	
4	落羽杉	★★★	★★★	★★		√	√	
5	腺柳	★★★	★★★	★★		√	√	
6	垂柳	★★★	★★★	★★		√	√	
7	榔榆	★★★	★★★	★★		√	√	
8	柘树	★★★	★★★	★★		√	√	
9	墨西哥落羽杉	★★★	★★	★★★		√	√	
10	池杉	★★★	★★	★★★		√	√	
11	中山杉	★★★	★★	★★★		√	√	
12	桑树	★★★	★★	★★★		√	√	
13	豆梨	★★★	★★	★★		√	√	
14	枫杨	★★★	★★	★		√	√	
15	楝树	★★	★★★	★★★		√	√	
16	黄连木	★★	★★★	★		√		
17	飞蛾槭	★★	★★★	★		√		
18	粗糠树	★★	★★★	★		√	√	
19	重阳木	★★	★★	★★★		√		
20	白蜡树	★★	★★	★★★		√		
21	湿地松	★★	★★	★★		√		
22	喜树	★★	★★	★★		√		
23	榉树	★★	★★	★★		√		
24	朴树	★★	★★	★		√		
25	江南桤木	★★	★★	★		√		
26	麻栎	★★	★★	★		√	√	
27	娜塔栎	★★	★★	★		√		
28	柳叶栎	★★	★★	★		√		
29	二球悬铃木	★★	★★	★		√		
30	红叶李	★★	★★	★		√		
31	无患子	★★	★★	★		√		
32	水杉	★★	★	★★		√		

（3）图文并茂、通俗易懂

导则内包含大量无锡市项目建设照片，将无锡市已建成项目的成功经验进行归纳总结，提炼亮点及创新做法，更加直观地展示各类海绵设施在不同城市绿地内的景观建设手段，有利于加强设计人员、施工人员对海绵设施的直观理解，为工程建设提供兼具美观、实用的海绵城市设计解决方案。

（4）因地制宜，科学统筹

导则基于无锡市域自然地理条件、水文地质特点、降雨规律等实际情况，综合考虑水安全、水资源、水环境、水生态的现状及经济可行性等因素，结合本地特色合理选取适用于无锡的 4 大类、8 种海绵设施进行规范，因地制宜提出海绵设施景观化设计要点（图 6-20）。

图 6-20　景观设计要点展示

（3）**全程管控**

项目全过程管控方面。基于试点期探索的方案审查、施工图审查"两阶段管控"，在示范期进一步出台《关于建立无锡市海绵城市技术审查专家库的通知》《无锡市海绵城市建设工程竣工验收管理暂行办法》《无锡市海绵城市建设运行维护管理办法》等政策文件10 项，形成了覆盖项目前期、规划管控、建设管控、竣工验收、运行维护等的"全过程闭环管控"制度体系。其中，在土地出让环节，将海绵城市建设指标要求纳入地块规划条件和地块建设条件"双条件"意见书；在设计环节，按照市统一审查标准、市统一专家库，方案设计采取"专家集中会审制"，施工图由市审图中心统一审查；在施工环节，建立质监全过程管理制度，发现问题后下发整改通知单并落实"问题销号制"，强化施工过程管理、质量管理；在竣工验收环节，由海绵办组织审图中心对海绵城市开展"专项验收"，查验是否按图施工，并作为开展项目竣工验收的前置条件（图6-21）。建立"周巡查、月例会、季通报、年考评"常态化工作监管制度，市、区海绵办定期开展现场巡查工作，下发巡查意见表，推进整改意见"销号制"，督导建设单位落实问题整改，推动海绵城市建设"景观"与"功能"的深度融合，进一步提升项目建设质量，确保"个个是精品"。

资金全过程管控方面。充分发挥中央奖补资金的引导作用，确保资金安全，高效使用，市住房和城乡建设局、财政局联合出台了《无锡市海绵城市建设专项资金管理办法》《关于加强系统化全城推进海绵城市建设示范项目专项资金管理工作的通知》，按照财政部专项资金管理办法，结合无锡市实际情况，明确了补助资金的使用要求、支持范围、补助方式，规范了资金使用管理流程，并初步确定了不同类型项目的补贴标准，以及实施主体对项目实施绩效负责的绩效评估要求，实现奖补标准可量化（表6-4），评审流程全透明（图6-21）。无锡还采取多种措施拓宽资金渠道，加强对市、区两级财政资金及社会资本的统筹使用，在水利、生态环境、交通、城市更新等重点项目中协同推进海绵城市建设，实现"一钱多用"，统筹谋划项目建设。

图6-21　管控流程示意图

表 6-4　无锡市海绵项目奖补资金补助标准

项目类型	奖补标准	计算基数	备注
房屋建筑	不高于 50 元 /m^2	项目用地面积	—
公园绿地	不高于 30 元 /m^2	项目用地面积	—
广场	不高于 30 元 /m^2	项目用地面积	—
市政道路	不高于 100 万元 /km	项目长度	—
水系治理	不高于 100 万元 /km	项目长度	—
排水管网及厂站	—	项目总投资	不超过项目总投资的 20%
综合类项目	—	—	按上面项目类型叠加计算，且不超过项目海绵建设投资的 20%

CHAPTER 7

第7章
系统化建设方案

区域排涝通道优化
圩区防洪能力提升
水、塘共治与利用
排水设施与易涝点治理
主体工程海绵化建设
蓄排平衡与联排联调
典型示范片区建设

7.1　区域排涝通道优化

（1）衔接区域防洪系统

进一步推进江港堤防达标建设，巩固提升长江堤防、环湖大堤、运河堤防，建立完善的"北排长江、东排望虞河、内排运河、南排太湖"防洪空间格局（图 7-1）。将区域排涝通道与防洪格局充分衔接，依托防洪控制圈，进一步扩大排洪排涝出路、优化畅通主要引排通道，以拓浚骨干河道为主要工程措施，构建以京杭大运河、新沟河、望虞

图 7-1　区域防洪空间格局图

河等流域骨干河道为主框架，区域骨干河道相配套，"大引大排、引排有序"的主体防洪格局，实现"排得出、引得进、蓄得住、可调控"。

（2）优化完善区域洪涝通道

针对片区排涝能力不均衡、不足等问题，优化完善区域排涝通道，提高区域北排入江能力，妥善安排区域东部涝水出路，在现状"一轴十三河"骨干河道构成的"八纵六横"骨干河网水系主框架基础上，增加界河—富贝河、洋溪河两条横向骨干河道，同时考虑直湖港已列入新沟河，形成由"一轴十四河"骨干河道构成的"七纵八横"的骨干河网水系主框架，增加区域水系横向调节作用。对能力不达标的锡北运河、伯渎港、新沟河等水系实施河道综合整治，提高配套闸站能力，提升区域入湖入江能力。

7.2 圩区防洪能力提升

针对太湖新城、惠山新城等新的城市建成区防洪工程基础设施不完善的区域，建立并完善防洪工程设施布局，实施运东大包围口门改造及堤防提升一期工程、前洲街道圩堤防汛道路工程等八大项目，打造闭合、达标的圩区／防洪圈，形成分区设防、分片控制的防洪格局，确保市区防洪标准实现运东大包围、山北北圩、山北南圩、盛岸圩区、太湖新城 200 年一遇，锡东新城、惠山新城、马圩 100 年一遇，新吴区 50~100 年一遇。

7.3 水、塘共治与利用

（1）水系梳理与水网完善

"水网"（水系＋坑塘）是无锡市降雨的天然调蓄空间，是无锡作为平原河网地区海绵城市建设最核心的载体和骨架，更是无锡市内涝防治能力提升的限制性要素。

重点针对断头河、部分区域水面率低等问题，结合建设条件，对水系进行梳理，提出针对性建设方案，改造河道 38 条，新开河道 12 条，新增水域面积 2.53 平方公里（图 7-2）。

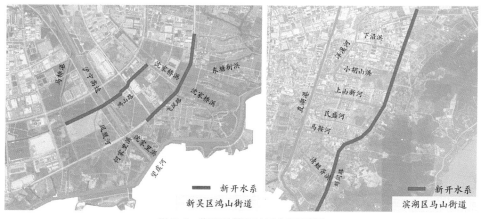

图 7-2 典型区域新开水系方案示意图

结合水系岸线现状建设形式，对于改造或新开水系，因地制宜地采取生态岸线的建设形式，并充分考虑生物多样性进行生境和生态系统打造。

（2）洼地（水塘）保护与利用

在海绵示范城市建设中，按照最大程度保护原有的洼地、水塘的原则，在识别市区内的现状洼地（基本为水塘）的基础上，根据洼地类型以及远期是否面临开发建设，提出针对性的保护策略，确保调蓄能力不降低（表 7-1）。

表7-1　洼地建设与保护策略表

类型	控规要求	保护策略		保护要求
A 类	未来为非建设用地	保留，作为水田、鱼塘，发挥调蓄功能		调蓄能力不降低
B 类	现状为公园绿地	保留，对公园绿地与周边衔接处的竖向进行微优化，确保地表径流可以汇入		
C 类	未来为建设用地	C-1，广场用地。建设下沉式广场等调蓄空间		
		C-2，教育用地。建设下沉式操场等调蓄空间		
		C-3，公园绿地。公园内建设下沉式绿地、调蓄塘、景观水体等调蓄空间		
		C-4，居住用地。小区内建设景观水体等调蓄空间		

7.4　排水设施与易涝点治理

（1）雨水管网系统建设与改造

雨水管网建设和改造项目安排主要考虑：根据雨水管网排水能力评估结果，一是重点改造易涝点周边的雨水管网，二是结合城市更新和建设计划，结合市政道路的改造和建设，同步实施雨水管网的改造。在制定雨水管网改造方案时，尽量降低改造工程量，优先采用优化和调整雨水管网汇水分区、增设平行管等方式实现改造，如不具备条件，再采取通过提高雨水管网排水能力的改造措施。按照上述原则，在示范期内实施的雨水管渠改造或新建的总长度为 78.85km。

（2）内涝风险区治理

根据无锡市遭遇 50 年一遇（214.8mm/24h）时积水风险区位置及等级，结合风险区所在区域的现状特征、周边土地利用现状、排水防涝设施建设情况等因素，制定针对性的治理措施。

1）周边有公园绿地的积水区域

针对位于公园绿地附近的积水风险区，主要解决思路为将积水引至公园绿地中。对于未开发建设的公园绿地，通过竖向调整，使其建设时竖向能够低于周边建设用地 0.5~1m，充分发挥调蓄功能；对于现状公园绿地，在海绵城市改造中，降低公园绿地高程，以满足周边积水区域的调蓄要求。

2）下穿通道等低洼区域

对于立交桥或下穿通道等低洼区域的积水风险区，制定"一点一策"，主要对雨水管网、强排泵站等排涝设施进行提标改造，增加遭遇极端降雨时的排涝能力（图7-3）。

3）农田、绿地等

对于现状为公园绿地、农田、荒地

图 7-3　典型下穿通道排水设施改造方案

的积水风险区，充分发挥现状用地的滞蓄功能，将雨水径流就地消纳，无须采取工程措施。

（3）易涝点治理

针对 2021 年汛期新发现 18 处积水点位，按照"一点一策、一点一档"，全面实施治理工作。针对现状内涝点成因，结合雨水管网的更新改造，治涝措施包括"优化分区、提高标准"以及"源头控制、灰绿结合"两大类别。针对每年雨季新发现积水点位，确保当年全部完成治理，逐步改造排水能力不达标的雨水管渠，补齐雨水排放系统短板（图 7-4）。

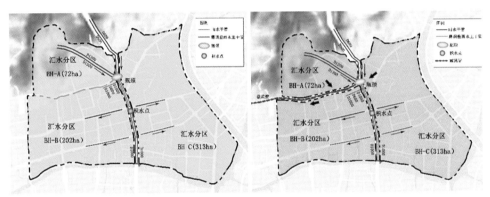

图 7-4　发挥调蓄功能公园绿地分布图

7.5 主体工程海绵化建设

结合无锡市城市更新和城市新建，在新建、改建、扩建项目中全面落实海绵城市理念，强化在源头层面的降雨径流污染削减，共安排东南大学国际校区、天一花园、凤鸣路北延（现状凤鸣路—江海路段）改造、黄泥头佳苑老旧小区改造等主体工程类海绵化建设项目252项。在城市绿地、建筑、道路、广场等新建改建项目中，因地制宜建设屋顶绿化、植草沟、干湿塘、旱溪、下沉式绿地、地下调蓄池等设施，推广城市透水铺装，建设雨水下渗设施，不断扩大城市透水面积，整体提升城市对雨水的蓄滞、净化能力。

结合项目具体需求，在有雨水资源化利用需求的项目中同步实施雨水资源化利用（图7-5）。到示范期末，无锡市海绵城市建设达标面积将达到现状建设区40%，约为144km^2，建设项目的雨水资源化利用平均取6%，年平均降雨量为1112.3mm，则年雨水资源化利用量约为1008万吨（图7-6）。

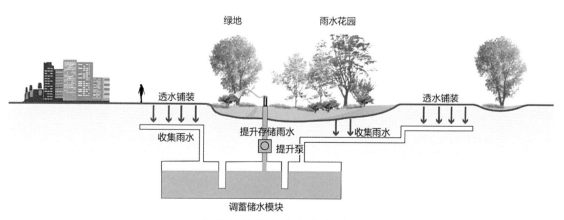

图7-5　雨水资源化利用技术示意图

图 7-6　典型源头海绵项目实景照片

7.6 蓄排平衡与联排联调

推动传统的"严挡＋快排"排涝模式向"蓄排结合"模式转变，保护现有雨洪调蓄空间，扩展城市自然调蓄空间，建设海绵调蓄水体，加强区域调蓄工程设施建设，并纳入城市调蓄调度体制，汛期与内河协调预降水位，优先发挥调蓄作用，超过调蓄能力的水量通过泵站外排（图7-7）。

通过不同情景的模拟计算分析，结果显示，无锡市圩外河道常水位一般为3.1m左右，提前降低水位0.6~2.5m左右，可具备约2m的调蓄空间（警戒水位为4.5m），增加6211万 m^3 调蓄容积（相当于6个蠡湖的容积），此时，可满足无锡市遭遇50年一遇降雨时的调蓄需求（图7-8）。

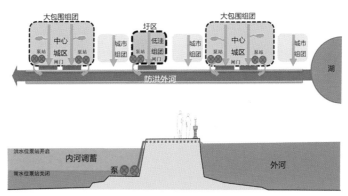

图7-7 "蓄排平衡"模式示意图

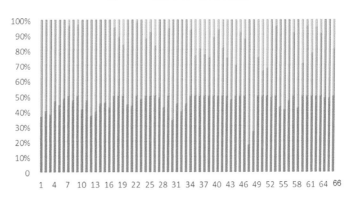

图7-8 "蓄排平衡情景"片区计算结果

7.7 典型示范片区建设

（1）新城片区——锡东新城高铁商务区

1）基本情况

锡东新城高铁商务区位于锡山区安镇街道，片区整体较新，部分地块仍然处于待开发状态，片区总面积 16.74km²，其中，建设用地面积约 12.11km²，公园绿地面积约 2.96km²，水域面积约 1.67km²。片区共包含 XS-52、XS-51、XS-64 3 个排水分区（图 7-9、图 7-10）。

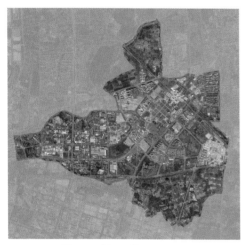

图 7-9 片区现状卫星影像图

图 7-10 片区用地规划图

2）建设策略

全面贯彻落实系统化全域推进海绵城市建设要求，在实施模式上，强化规划管控和过程控制，建立保护"水网湖荡交织"海绵脉络，在城市开发建设过程中全面落实海绵城市建设要求，打造海绵理念全系统植入新城区。在实施策略上，建立完善海绵体系，强化雨水"源头减排、过程控制、系统治理"，一是打造水敏型街区，在片区内源头地块开发建设中实施水敏型街区城市设计，统筹景观与功能，落实海绵城市理念，确保开发建设不影响自然水文状态；二是建设低碳型管网，高标准建设排水管渠，消除雨污混错接，推广沿河建筑雨水 100% 直接排河的建设模式，优化市政雨水管渠布局，构建就近最优排放的排水模式；三是建设生态型水系，在九里河、中心河、西仓浜等水系治理中，采取生态岸线的建设形式，并引入"最佳生境"概念，提升生态功能和生物多样性，构建"水生境廊道"。

3）源头减排

结合本片区实际情况，源头减排类项目主要包括四大类：一是已实施的海绵项目；二是示范期内列入示范城市建设项目库的项目；三是尚未开发建设的用地，在开发建设过程中，同步落实海绵城市理念；四是现状已完成开发建设的项目，近期尚未安排建设计划，远期结合城市更新、老旧小区（工业园区）改造等，落实海绵城市理念。按照上述思路，安排片区内源头减排类项目 79 项。

4）过程控制

过程控制类项目主要为雨水管渠及附属设施建设或改造。结合本片区实际情况，过程控制类项目的安排原则和思路如下：一是对现状评估不满足《无锡市排水（雨水）防涝综合规划（2018—2035 年）》中雨水管渠设计重现期要求的管网与道路车行道距离超过 12m，但是未双侧布管的管道，结合城市更新及道路大修工程计划，实施雨水管渠改造，如锡山大道（和祥路东侧）；二是随城市开发建设新增的道路，如弘业东路（新锡路—吼山南路）等，按照设计重现期要求同步建设雨水管渠。按照上述思路，安排片区内过程控制项目 19 项，其中改造雨水管网类项目 11 项，新建雨水管网类项目 8 项。

5）系统治理

系统治理类项目主要为新开水系、水系生态治理和洼地保护与利用。结合本片区实际情况，系统治理类项目的安排原则和思路如下：一是新开水系，主要针对现状存在的断头河，结合片区城市建设开发情况、道路和绿地建设情况，新开水系将现状河道与周边水系连通；二是对现状采取硬质渠化护岸的河道，因地制宜进行水系生态治理，包括水体清淤、生态修复、新建护岸等；三是洼地保护与利用类，主要指在沿河小游园、口袋公园、街角公园建设过程中，充分利用现状低洼地建设湿塘、雨水湿地等调蓄设施，确保低洼地总面积不降低，调蓄周边地块及市政道路的径流雨水，发挥削峰错峰作用，降低超标雨水对城市水系的排涝压力。按照上述思路，安排片区内系统治理类项目 20 项。其中，新开水系类项目 3 项，水系生态治理类项目 4 项，洼地保护与利用类项目 13 项（图 7-11）。

| 源头减排 | 过程控制 | 系统治理 |

图 7-11　典型片区海绵城市建设项目分布图

6）效果评估

根据模拟结果，该片区年径流总量控制率为 76.7%，年径流污染削减率（以 TSS 计）为 61.4%，均达到规划目标要求（图 7-12、图 7-13）。采用 PCSWMM 软件构建内涝风险评估模型，运行无锡市 50 年一遇 24 小时长历时降雨数据，模拟结果显示，海绵城市建设前，片区内涝中、高风险区之和占比为 4.98%；海绵城市建设后，内涝程度明显降低，内涝风险区全部消除。

（2）老城片区——稻香片区

1）基本情况

稻香片区位于滨湖区河埒街道，片区整体开发建设年代较久，是无锡市典型的老旧片区之一，总面积 6.43km²，其中建设用地面积约 4.59km²，公园绿地面积约

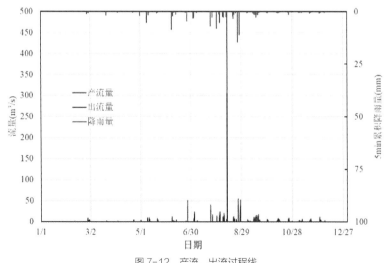

图 7-12　产流、出流过程线

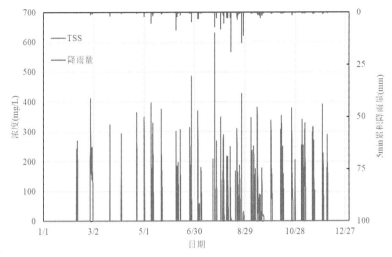

图 7-13　径流污染出流过程线（以 TSS 计）

1.41km^2，水域面积约 0.43km^2。片区涉及 BH-13、BH-14、BH-17 等 3 个排水
分区（图 7-14、图 7-15）。

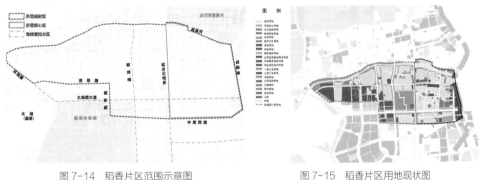

图 7-14　稻香片区范围示意图　　　　　　图 7-15　稻香片区用地现状图

2）建设策略

围绕片区现状特点和问题，强化问题导向，在片区海绵城市建设中，针对老旧片区
人居环境品质综合改善需求，以水环境改善、降雨径流污染控制为关键点，将海绵城市
建设与老旧小区改造、污水处理提质增效"333"行动、美丽河湖等有机结合，统筹解
决水环境不佳问题、排水设施不健全、停车位不足等人民群众关心、关注的问题，系统
提升片区城市水环境和人居环境。

3）源头减排

围绕片区海绵城市建设目标尤其是径流污染削减目标，结合城市更新建设计划，实
施源头减排类项目 23 项，强化径流污染源头控制，其中，建筑与小区类项目 16 个，公

园绿地类项目 5 个，道路广场类项目 2 个。与新建片区不同，稻香片区内源头项目更多采用集约化、灵活式的海绵设施，包括：

● 硬质公共空间下沉。将公共活动空间下沉，提供雨水滞蓄空间。硬质场地能够保证在雨水排净后，依然可以作为社区开放交互的活力场所，一个场地多个功能（图 7-16）。

图 7-16 下沉公共空间示意图

● 格栅复合场地。部分停车区、小范围活动广场等，将下垫面降低并调整为草坪绿地，地上采用美观耐用的格栅铺设，保证活动空间的同时，将格栅以下部分作为雨水滞蓄空间（图 7-17）。

● 趣味雨水桶。部分小区绿地率有限，将建筑雨落管断接后，通过具有过滤净化层的环保集水桶对雨水进行收集，集水桶中收集的雨水可用于居民花园、小区园艺维护的浇灌。集水桶设计结合小区文化特征，造型可丰富多变，增添社区公共空间的趣味性。

图 7-17 格栅复合场地示意图

4）过程控制

过程控制类项目主要包括雨水管渠及附属设施建设或改造等。结合片区实际情况，一是对现状评估不满足设计重现期要求的雨水管网，进行提标改造，累计安排建设项目 12 项；二是全面完成片区污水处理提质增效 "333" 行动建设任务，建成 2 个污水处理提质增效达标区，全面排查和消除排水问题混错接、私搭乱接问题，强化缺陷管段治理和修复；三是强化排口污染控制，对雨水排入河道的排口进行改造，在上游雨污分流、源头减排完善的情况下，雨水排口加设生态滤墙、小微湿地等，对雨水进行进一步过滤，保证排放水质，其他排口结合用地条件，采取高效净化湿地、集中净化设备等强化控制方式（图 7-18、图 7-19）。

图 7-18　雨水排口小微湿地示意图

5）系统治理

系统治理类项目主要包括新开水系、水系生态治理等。结合本片区实际情况，一是针对现状存在的断头河，实施隐秀河新开河道、苏家渚浜新开河道等 3 条水系，构建完善片区水系 "大循环" 通道；二是对现状采取硬质渠化护岸的河道，实施蠡溪河河道综合整治、梁溪河综合整治等 13 个项目，因地制宜采取河道清淤、生态修复、草坡绿化、护岸整治等措施，逐步恢复河湖生境，提升河道水体自净能力（图 7-20）。

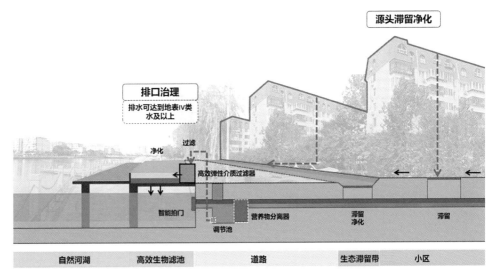

图 7-19　雨水排口高效净化湿地构建示意图

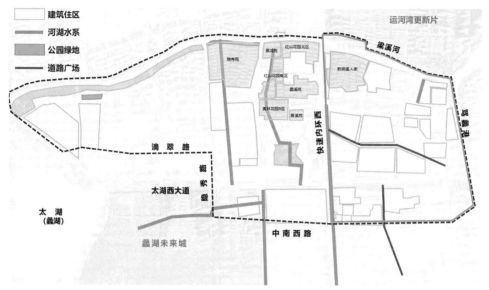

图 7-20 稻香片区海绵城市建设项目分布图（未体现雨水管网类）

6）效果评估

根据模拟结果，该片区年径流总量控制率为 67.2%，年径流污染削减率（以 TSS 计）为 57.3%，均达到规划目标要求（图 7-21、图 7-22）。此外，片区河道水质持续改善，截至 2023 年底，片区全面消除劣 V 类水体，梁溪河等主要河道水质稳定在 Ⅲ 类以上。

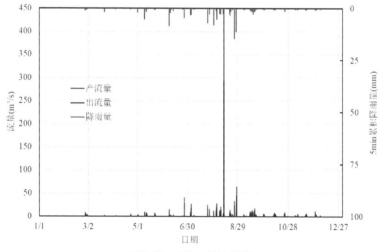

图 7-21 产流、出流过程线

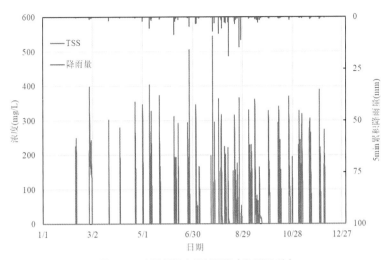

图 7-22　径流污染出流过程线（以 TSS 计）

CHAPTER 8

第8章

项目实践

建筑小区：海绵型"好"小区

道路广场：既有"面子"又有"里子"

公园绿地：将海绵"藏"入景观

城市水系：现代版"江南水弄堂"

8.1 建筑小区：海绵型"好"小区

在建筑小区类项目海绵化建设时，坚持问题导向、分类施策，针对老旧小区，协同推进人居环境品质提升、雨污分流改造和海绵城市建设，统筹解决内涝积水问题、排水设施不健全、停车位不足等人民群众关心、关注的问题；针对新建小区，将海绵理念"嵌入"小区开发建设全过程，结合绿地竖向设计等融入海绵设施，统筹实施透水铺装、雨落管外排、雨水资源化利用等措施，实现雨水的源头控制。

（1）羊尖花苑安置房

1）项目概况

羊尖花苑位于无锡市锡山区羊尖镇育才路以南，陈许路以西，总用地面积 4.3 万 m²，建筑密度为 18.30%，绿地率 35.1%，为整体独立开发的新建保障性安置房住宅小区项目。

建设单位：锡山区羊尖镇人民政府。

设计单位：江苏省科佳工程设计有限公司。

施工单位：无锡市亨利富建设发展有限公司。

监理单位：无锡建设监理咨询有限公司。

2）项目措施

● 场地竖向分析

场地标高在 4.4~4.6m 之间，北侧高，南侧低，均高于周边市政道路，场地较为平整。绿地微地形等形式，有利于雨水通过坡向自然流入海绵设施（图 8-1）。

● 汇水分区

根据建筑屋面、雨水管网、景观设施的汇水分割线等，通过结合绿化布局以及海绵设施布置，充分考虑道路分割等因素，共分为 9 个汇水分区（图 8-2）。细化每个分区竖向标高，通过自然地形将雨水导入对应海绵设施。

● 海绵设施

在低洼易积水处设置雨水花园、下凹绿地，从源头解决场地内涝问题。结合竖向设

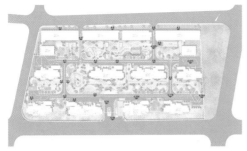 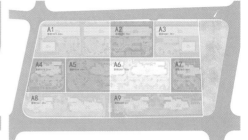

图 8-1　场地竖向分析图　　　　　　　　　　　图 8-2　汇水分区布置图

计通过自然坡向及道路景观协调，不采用转输措施，将雨水顺坡排入海绵措施，使海绵设施更好地融入整体景观。小区硬质地坪均采用全透式透水铺装、透水混凝土等渗透设施从源头降低雨水径流。实现雨水收集、净化和造景功能三位一体，有效缓解居住区内涝及城市水污染环境问题（图 8-3、图 8-4）。

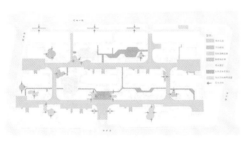 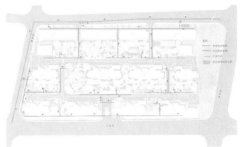

图 8-3　海绵设施布置图　　　　　　　　　　　图 8-4　雨水管网布置图

雨水花园。项目有机结合竖向设计采用自然坡向，将雨水顺坡排入雨水花园（图 8-5）。

图 8-5　雨水花园剖面图

下凹绿地。项目下凹绿地采用大面积缓坡，视觉效果更为自然，绿地利用自然坡度承接道路雨水（图 8-6）。

透水沥青路面。项目大面积采用透水沥青，有利于雨时行人行走和缓解初期雨水径流及污染，做到"大雨不积水，小雨不湿鞋"（图8-7）。

雨水传输设施。结合安置房特点，保证老年人、幼儿行走安全，物业管理、维护能力较差，不采用植草沟等转输措施，场地雨

图 8-6　下凹绿地剖面图

水充分利用地形，通过路面自然找坡，将雨水导流进入雨水花园、下凹绿地进行调蓄；高层建筑屋面雨水立管底部断接，排入建筑周边易于维护、方便清扫的雨水沟，将屋面雨水引入海绵设施，有效减缓雨水对海绵设施及绿化的冲刷，并减少地下室顶板上覆土内管线交叉。

雨水循环利用。小区北侧设置1处雨水回收利用设施，经系统净化处理后，用于小区绿化浇灌和路面冲洗，使雨水尽可能就地消纳、循环利用，实现了节水、节能、环保的生态目标。

3）项目成效

本项目施工完成后，年径流总量控制率77%，面源污染削减率59%，均高于规划目标要求。通过近期约40天的监测数据采集，建立项目雨水管理模型，评估项目雨量控制效果，设施径流控制体积并对径流峰值出现时间分析，由实际监测及模型分析结果可以得出以下结论：选取3场有效降雨事件对项目开展模拟评估，结果表明该项目6月17日、6月18日、6月24日场次降雨径流控制率分别为80.6%、82.5%、78.8%，均满足项目年径流总量75%的设计标准。在监测期间内，所监测的典型海绵设施未发生溢流，单个设施场次降雨控制率可达到100%，结果表明监测的海绵设施达到了设计要求。

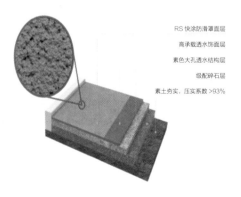

RS 快涂防滑罩面层
高承载透水饰面层
素色大孔透水结构层
级配碎石层
素土夯实，压实系数 >93%

图 8-7　透水沥青路面剖面图

自小区建成后，已经历 5 场以上暴雨，暴雨期间小区内无积水，周边小区均有不同程度的积水，海绵城市建设效益凸显（图 8-8、图 8-9）。

图 8-8　典型海绵设施实景照片（一）

图 8-9　典型海绵设施实景照片（二）

（2）裕蓉名邸

1）项目概况

项目位于锡山区东北塘街道蓉裕路以西，芙蓉三路以北，锡沙路以南，总用地面积 10 万 m²，建筑密度 17.16%，容积率 1.80，绿地率 35.01%，现状综合雨量径流系数为 0.52（图 8-10、图 8-11）。

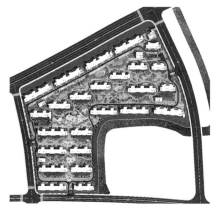
图 8-10　项目平面图

图 8-11　汇水分区图

依据项目《地块建设条件意见书》的相关要求，项目年径流总量控制率目标为不低于 75%，对应设计降雨量 22.5mm，年径流污染（以 SS 计）削减率目标为不低于 50%。

2）项目措施

项目各出入口内部标高均高于外部道路，故小区内无客水进入，设计要点主要为处理场地内的竖向设计，道路的横向坡向、路面与道路绿地的竖向关系，便于径流雨水汇入绿地。

根据本项目场地竖向设计、道路坡向、屋脊线及室外设计中起阻水作用的围墙、路缘石等设施的位置，划分为 58 个汇水分区。

项目海绵设施主要包括透水铺装、下凹绿地及雨水收集池，在方案前期下凹绿地布置时便联动景观及海绵城市设计院进行了多轮互动，尽最大限度将海绵设施的位置、整体标高体系及排水系统与景观方案融合（图 8-12）。

图 8-12　海绵设施和景观平面图的叠图

根据区域和项目的问题及需求分析，以削减径流污染和雨水资源利用为主要目标，通过将软景与硬景的比例控制在 4∶6 来保证成本的实现。为了营造更具有氛围感和品质感的植物景观，在自然有趣有人情味的愿景下将植物空间结构分为三个层级的雨水花园，将植物以更巧妙、更生态的方式融入社区景观之中，充分利用居住区内各宅间绿地形成生态空间（图 8-13）。

图 8-13 一级雨水花园—阳光草坪

为了降低大面积的纯草坪的养护成本，采用常规的草坪与下凹绿地的有机结合方式，既满足了海绵系统的指标要求，又丰富了草坪上植物组团的景观效果（图 8-14、图 8-15）。

图 8-14 下凹绿地、透水铺装的选择　　　　图 8-15 下凹绿地和水生植物的组合

3）项目成效

● 建设效果

项目提出了打造"自然、有趣、有人情味"的社区目标愿景，在此愿景驱动之下同步提出了萤火虫计划、自然课堂计划，希望能实现萤火虫回归。萤火虫能够回归、存活的背后，是整个生态链的修复，所以落实"海绵城市"对社区的自然环境修复起着积极的促进作用。

20 号楼北侧初始方案仅为一片草地和绿化组团，缺乏参与性及停歇空间。后优化为一个旱溪空间与雨水花园结合，同时在旱溪设置木桩拼图昆虫方案，与相邻植物呼应，使整个空间兼具游玩和科普的功能。社区就是孩子最好的自然的课堂，树梢的小鸟，丛林里的昆虫，清晨树叶上的露珠，在这里孩子可以尽情探索自然的奥秘。海绵空间还可

图 8-16　旱溪空间结合雨水花园打造的自然科普天地

以做得更加有趣，利用元素的组合与叠加再创造，将荒废的枯木与置石创新修饰布置在海绵空间中，形成趣味景观效果（图 8-16）。

项目严格落实规划建设指标的要求，施工完成后年径流总量控制率 79%，面源污染削减率 66.43%，均高于规划目标要求。

● 效益分析

项目通过海绵城市建设，取得良好的生态、景观效果，实现环境、社会、经济效益最大化。

环境效益。通过海绵城市技术措施的组合运用，形成了高低错落的景观效果，美化了小区环境；通过土壤渗透有效控制雨水径流污染，实现了降雨的净化，为小区内生活的人群提供了安全舒适的环境，获得了业主居民极大的肯定。

社会效益。项目落实海绵城市建设，让业主更加生动直观地了解、认知并认同海绵城市建设的效果。获得了住房和城乡建设部巡检组专家的高度认可，并多次接待其他兄弟城市领导专家的参观来访。

（3）铂云溪院小区

1）项目概况

项目位于滨湖区，新八路以西，缘溪路以东，泽溪路以南，南横街以北，总用地面积约 9.07 万 m²。

2）建设理念

项目自策划伊始，便充分贯彻"与自然有机交融的理念"设计要求，以打造"自然、有趣、有人情味"的社区为目标愿景，在此愿景驱动之下将海绵城市理念与"丛林+"计划、"萤火虫"计划有机融合,以"织锦"概念将景观串联,将"林、泉、石、桥"充分地融入园林当中,形成山水相连、水天一色,延续湖山的自然美感。项目结合竖向及管网情况划分 130 个汇水分区,按照"将海绵藏在景观"的方式,利用景观园林的微地形,有效地进行空间划分,创造多变的景观植物空间,充分利用地形变化原则,造就自然生态景观,通过丰富的植物品种美化海绵设施,建设了总面积 4200m² 的生态草沟、雨水花园、下凹绿地,有效提升片区水韧性,改善社区微气候,突显社区"生态"主体功能,荣获国际权威的 WELL HSR(Health-Safety Rating) 健康认证。

3)实施成效

项目通过海绵城市建设将地块内雨水进行收集、净化以及资源化利用,不仅减少了区域内的径流雨量,缓解排水压力,降低了内涝积水风险,有效削减面源污染,支撑区域水环境改善。项目建成后,通过相关数据分析,年径流总量控制率不低于 80%,径流污染削减率不低于 57%(图 8-17~ 图 8-19)。

图 8-17　典型海绵设施径流组织图
(说明:硬质铺装雨水利用高差汇流至生物滞留池进行消纳,收满后溢流排放)

图 8-18　典型海绵设施径流组织图
（说明：小区内主园路为透水铺装，雨水优先下渗，超标径流利用高差汇流至生物滞留池进行消纳，
收满后溢流排放）

图 8-19　典型海绵设施径流组织图
（说明：小区内主园路为透水铺装，一侧为透水混凝土，一侧为透水砖，雨水优先下渗，
超标径流利用高差汇流至两侧绿地进行消纳）

（4）玉祁高级中学

1）项目概况

项目位于惠山区，北临礼社路，南临玉洁路，东临常玉路，总用地面积约 1.29 万 m²。

2）建设理念

项目统筹竖向设计、绿化设计、道路设计以及排水设计，将校园划分为 7 个汇水分区，针对不同用地类型及布局方案，调整场地竖向设计，优化绿化空间布局，合理布设调蓄绿地、雨水花园等海绵设施，消纳屋面雨水及铺装雨水，超标雨水溢流进入管网，从而有效减轻管网压力（图 8-20）。调蓄绿地中玻璃轻石吸收的水分能缓慢释放并涵

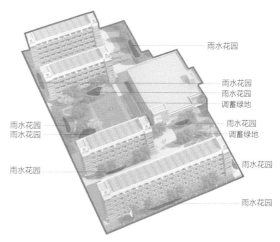

图 8-20　海绵设施布置图

养地表植物，使植物在夏季及干旱季节也能正常生长。通过将雨水径流汇入低影响开发设施中，增强雨水就地消纳和滞蓄能力，有效消除校区积水点（图 8-21～图 8-24）。

图 8-21　典型海绵设施径流组织图

（说明：道路雨水利用高差汇入雨水花园进行消纳，收满后溢流排放）

图 8-22 典型海绵设施径流组织图
（说明：硬质铺装雨水经路缘石开口汇流至绿地内的雨水花园进行消纳，收满后溢流排放）

图 8-23 典型海绵设施径流组织图
（说明：屋面雨水经外排雨落管、排水明沟转输汇流至雨水花园进行消纳，收满后溢流排放）

图 8-24 典型海绵设施径流组织图

（说明：硬质铺装雨水经路缘石开口汇流至雨水花园进行消纳，屋面雨水经外排雨落管、植草沟转输汇流至雨水花园进行消纳，收满后溢流排放）

3）实施成效

项目将海绵设施、绿化景观、海绵城市建设科普等有机融合，增加植物多样性，显著提升校区整体景观效果。项目建成后，通过相关数据分析，年径流总量控制率不低于78%，径流污染削减率不低于66%。

（5）竹苑新村（南区）

1）项目概况

项目位于锡山区，北临二泉东路，西至沪霍路，总用地面积约 8.89 万 m²。

2）建设理念

项目改造前，部分楼栋前地势低洼有积水现象，小区内景观绿化不协调，没有良好的居住环境，急需进行提升。经过现场勘探、测量，结合场地竖向设计、小区布局、建筑设计及道路坡向后，将小区划分为 51 个汇水分区。结合项目整体设计要求，对海绵城市建设设施进行选择与设计，优选技术先进、经济可靠的技术措施，包括生态多孔纤维棉装配式纤维模块、雨水花箱、雨水桶、下凹绿地等海绵设施（图 8-25~ 图 8-30）。将建筑屋面、路面雨水径流汇流经过海绵设施滞蓄、净化后由盲管收集至溢流井中，超

图 8-25　海绵设施布置图

图 8-26　典型海绵设施径流组织图

（说明：路面雨水径流通过路缘石开口汇流至下凹绿地进行消纳，屋面雨水雨落管处设置雨水花箱）

图 8-27　典型海绵设施径流组织图

（说明：路面雨水径流通过路缘石开口汇流至下凹绿地进行消纳，并通过一体化智慧模块对海绵设施及
水环境等进行实施监测）

图 8-28　典型海绵设施径流组织图

（说明：路面雨水径流通过路缘石开口汇流至下凹绿地进行消纳，屋面雨水雨落管处设置雨水桶）

图 8-29　典型海绵设施径流组织图

（说明：地面雨水先通过透水铺装下渗，超标径流通过排水沟汇入生态多孔纤维棉进行净化、渗透）

改造前　　　　　　　　　　　　　　　　　　改造后

图 8-30　海绵化改造前后对比图

标雨水通过溢流井收集至雨水管网中，最终排入河道。部分建筑屋面雨水经过雨水花箱和雨水桶净化、储存回收利用，用于浇灌绿化及冲洗道路。在小区不同节点根据建设条件设置下凹绿地、排水沟、雨水花箱及雨水桶等海绵设施，有效减小了地表径流，缓解了市政雨水管网的压力；同时，楼栋前设置排水沟，有效地缓解了小区内涝的现象。

　　3）实施成效

　　项目将海绵设施与景观效果有机统一，在基本不新增投资的前提下，有效地丰富了传统景观系统的层次感，提升了小区整体效果，打造了一个和谐优美的生活环境。

项目建成后，通过相关数据分析，年径流总量控制率不低于 53%，径流污染削减率不低于 44%。

（6）新佳园小区（二期）

1）项目概况

项目位于新吴区，东至锡士路，南至春丰路，西至伯渎河，北至无锡市第八人民医院分院，总用地面积约 3.0 万 m^2。

2）建设理念

项目以加强径流总量控制、削减径流峰值流量、削减径流污染和雨水资源利用为主要目标，严格遵循海绵城市建设理念，根据室外管网排布情况、场地竖向设计、独特功能布局及道路坡向情况等，划分为 17 个汇水分区。针对不同片区特点，针对性设置下凹绿地、生物滞留设施、透水铺装、雨水回用池等海绵设施（图 8-31）。利用项目本身的绿化条件，分散布置下凹绿地及生物滞留设施等海绵措施，对源头雨水进行初期滞蓄，利用生物滞留设施内植物对初期径流进行过滤和净化，提高排水水质。

图 8-31　海绵设施布置图

项目在终端设置雨水回用系统，降雨时收集径流雨水，及时控制超标径流，减轻市政管网排水压力，雨水经处理后用于绿地喷灌和道路浇洒，降低维护成本（图 8-32~ 图 8-35）。

3）实施成效

项目将海绵设施、绿化景观、住宅建筑等有机融合，丰富了传统景观系统的层次感，打造了一个高品质人文居住空间。项目建成后，通过相关数据分析，年径流总量控制率不低于 71%，径流污染削减率不低于 61%。

（7）时光鸿著小区

1）项目概况

项目位于新吴区锡东大道东侧至宾路北侧、鸿庆路西侧，总用地面积约 7.7 万 m^2。

图 8-32　典型海绵设施径流组织图
（说明：硬质铺装、停车场等的径流雨水经路缘石开口汇流至绿地内的下凹绿地进行消纳）

图 8-33　典型海绵设施径流组织图
（说明：硬质铺装径流雨水利用高差顺坡汇流至下凹绿地进行消纳，收满后溢流排放）

图 8-34　典型海绵设施径流组织图

（说明：透水铺装的雨水优先下渗，超标径流利用高差汇流至下凹绿地进行消纳，收满后溢流排放）

图 8-35　典型海绵设施径流组织图

（说明：硬质铺装径流雨水利用高差顺坡汇流至下凹绿地进行消纳，收满后溢流排放）

2）建设理念

项目从居民的安全性、舒适性考虑，落实海绵城市建设要求，将海绵设施、绿化景观、居民休闲设施等有机融合，在不影响景观的前提下，有效地提高了水安全性，打造了一个高品质居住景观空间。结合场地竖向、排水管网布局等，将小区划分为89个汇水分区，并针对性设置了下凹绿地、植草砖铺装、透水砖铺装、透水塑胶铺装、彩色透水混凝土铺装、雨水回用池等较为丰富多样的海绵设施，实现了雨水的有效组织与高效利用（图8-36~图8-39）。

图 8-36　海绵设施布置图

图 8-37　典型海绵设施径流组织图
（说明：硬质铺装雨水利用高差自然汇流至雨水花园进行消纳，收满后溢流排放）

图 8-38　典型海绵设施径流组织图
（说明：硬质铺装径流雨水利用高差汇流至下凹绿地，屋面雨水经外排雨落管、植草沟转输后汇流至下凹绿地）

图 8-39　典型海绵设施径流组织图
（说明：路面雨水先经透水铺装下渗，超标径流顺坡汇入下凹绿地进行消纳，收满后溢流排放）

3）实施成效

项目通过合理布局雨水花园、下凹绿地等海绵设施，有效减少地表径流，降低面源污染，提升小区品质。项目建成后，通过相关数据分析，年径流总量控制率不低于73%，径流污染削减率不低于57%。

（8）龙湖郡（云上府）小区

1）项目概况

项目位于新吴区，北临江华路，南临伯渎港，东临春富路，总用地面积约6.96 万 m²。

2）建设理念

项目从居住小区的环境和安全性等角度考虑，结合居民对居住品质和活动空间的需求，在充分研究建设区块建筑及景观设计情况后，根据场地现状情况及周边水文环境、设计用地性质等条件，共划分为 144 个汇水分区。结合无锡本地需求及场地特征合理选择海绵设施，以雨水花园、下凹绿地、雨水收集池为主，并根据场地竖向及径流组织设计进行海绵设施布置及规模设计（图 8-40）。雨水管断接处设置消能卵石，经消能后排入下凹绿地或雨水花园内，部分雨水通过设置在雨水管网末端的雨水收集池进行收集与利用。项目将海绵设施、绿化景观、活动场地等有机融合，有效地丰富了传统景观系统的层次感，打造了一个高品质住宅景观空间（图 8-41~图 8-44）。

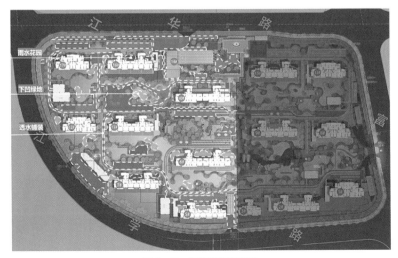

图 8-40　海绵设施布置图

图 8-41 典型海绵设施径流组织图
（说明：路面雨水先经透水铺装下渗，超标径流顺坡汇入下凹绿地进行消纳，收满后溢流排放）

图 8-42 典型海绵设施径流组织图
（说明：雨水径流顺坡汇至下凹绿地进行消纳，收满后溢流排放）

图 8-43 典型海绵设施径流组织图
（说明：雨水径流顺坡汇至下凹绿地进行消纳，收满后溢流排放）

图 8-44 典型海绵设施径流组织图
（说明：雨水径流顺坡汇至下凹绿地进行消纳，收满后溢流排放）

3）实施成效

项目因地制宜设置了各类透水铺装地面，增加雨水下渗，让市民切实感受到"小雨不湿鞋、大雨不积水"的海绵效益。将下凹绿地和雨水花园充分结合景观地形及植物配置进行设置，在满足功能性的同时兼顾了景观效果。在终端设置雨水回用系统，雨水经处理后用于绿地喷灌、道路浇洒和地库冲洗等，有效利用了水资源。项目建成后，通过相关数据分析，年径流总量控制率不低于83%、径流污染削减率不低于67%。

（9）红蕾佳苑一期安置房

1）项目概况

项目位于新吴区，北临香山路，西临珠江路，南临泰山路，东临湘江路，总用地面积约 7.2 万 m²。

2）建设理念

项目针对地块地形复杂、建筑密集、绿化面积小等特点，在进行海绵城市设计时，根据小区的竖向条件、空间布局、建筑结构等因素进行综合考虑，因地制宜布设透水铺装、下凹绿地、雨水花园等海绵设施。透水铺装选用耐久性强、透水性好、生态环保的材料，如透水混凝土、陶瓷颗粒铺装等。合理组织雨水径流，以人行为主的活动区域、广场、儿童活动区、跑道等区域设置透水铺装，通过景观地形，道路坡向等手段，取消侧石，将地表雨水就近汇集进雨水花园或下凹绿地；外围车行道路区域及停车位的雨水，通过侧石开口，结合植草沟就近引入周围绿地海绵设施，屋面径流雨落管断接就近海绵设施，通过设施内的溢流式雨水口接入市政管网（图8-45~图8-48）。

3）实施成效

项目通过合理布局雨水花园、下凹绿地等海绵设施，有效减少地表径流，降低面源污染，提升小区品质。项目建成后，通过相关数据分析，年径流总量控制率不低于76%，径流污染削减率不低于49%。

（10）海天智慧产业园

1）项目概况

项目位于梁溪区，北临金石东路，西临汇太路，南临汇太路，总用地面积约 2.35 万 m²。

图 8-45　典型海绵设施径流组织图
（说明：屋面雨水经外排雨落管、植草沟等转输至下凹绿地；路面雨水先经透水铺装下渗，
超标径流顺坡汇入下凹绿地进行消纳，收满后溢流排放）

图 8-46　典型海绵设施径流组织图
（说明：屋面雨水经外排雨落管、植草沟等转输至下凹绿地；路面雨水先经透水铺装下渗，
超标径流顺坡汇入下凹绿地进行消纳，收满后溢流排放）

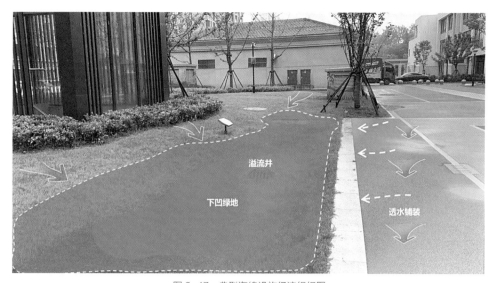

图 8-47 典型海绵设施径流组织图
（说明：雨水先经透水铺装下渗，超标径流顺坡汇入下凹绿地进行消纳，收满后溢流排放）

图 8-48 典型海绵设施径流组织图
（说明：屋面雨水经外排雨落管、植草沟等转输至下凹绿地）

2）建设理念

项目共划分为 35 个汇水分区，并因地制宜设置海绵设施。通过布设透水砖、透水混凝土及绿色屋顶强化场地自然渗透能力；设置下凹绿地、雨水花园等生态海绵设施为屋面、道路雨水提供了初始滞蓄空间，提升场地排水韧性；设置带有微生态滤池的末端调蓄池用于收纳并处理回用于绿地喷灌、道路浇洒等，特有的微生态滤池产生的微生物层和水中的有机物循环反应，促进绿色植物生长，有效净化雨水。项目将海绵设施、建筑结构、绿化景观、休憩设施等兼收并容，注重空间感的构建，高位屋顶绿化与地面起伏有度的绿地相得益彰，打造了层次立体的景观（图8-49~图8-52）。

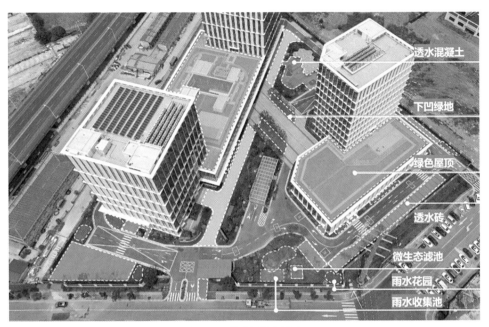

图8-49　海绵设施布置图

图8-50　典型海绵设施径流组织图
（说明：雨水通过透水铺装进行下渗，超标径流通过路缘石开口汇入生物滞留设施进行消纳）

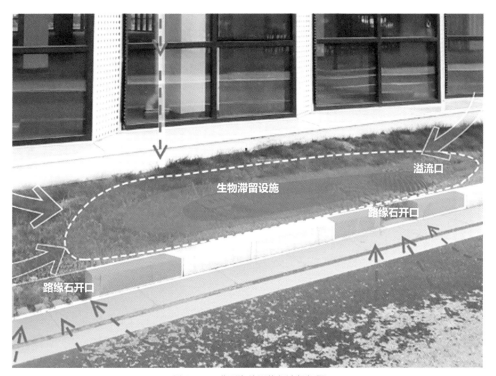

图 8-51　典型海绵设施径流组织图
（说明：硬质铺装雨水经路缘石开口汇至生物滞留设施进行消纳，收满后溢流排放）

图 8-52　典型海绵设施径流组织图
（说明：绿色屋顶强化雨水缓释和利用，超标径流通过雨落管引入地面雨水花园等海绵设施）

3）实施成效

项目统筹落实海绵城市与绿色建筑要求，既实现了绿色低碳，又建成了具有雨水循环与利用功能的海绵产业园区。项目建成后，通过相关数据分析，年径流总量控制率不低于78%，径流污染削减率不低于62%。

（11）绿城诚园小区

1）项目概况

项目位于锡山区，北临新明东路，东临新光路，总用地面积约7.1万m²。

2）建设理念

项目将景观与海绵设计相结合，提高绿地蓄水能力，增加雨水下渗量，旨在打造一个高品质的海绵居住小区。通过对项目的场地情况、景观方案等进行综合分析，结合竖向条件、管网系统等将地块划分为27个汇水分区。通过优化平面布局、竖向设计等方式，因地制宜选用雨水花园、下凹式绿地、透水铺装等海绵设施。通过透水铺装减少地表径流，道路排水经开孔路缘石进入下凹式绿地或雨水花园内，入渗净化后通过内部盲管排至雨水管网，超标雨水则经溢流井就近接入道路雨水井（图8-53~图8-56）。

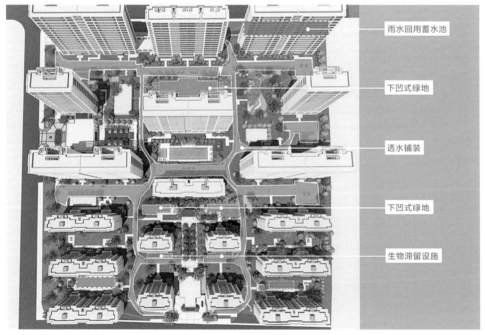

图8-53　海绵设施布置图

3）实施成效

项目采用生态排水与传统管道相结合的方式，通过下凹式绿地、雨水调蓄池等措施，将区域内雨水收集、净化以及资源化利用，降低区域内径流系数，减少外排量，缓解排水压力，同时有效削减面源污染。项目建成后，通过相关数据分析，年径流总量控制率不低于 78%、径流污染削减率不低于 66%，雨水资源化利用率不低于 8%。

图 8-54　典型海绵设施径流组织图
（说明：路面雨水顺坡汇入下凹式绿地进行消纳，收满后溢流排放）

图 8-55　典型海绵设施径流组织图
（说明：路面雨水经路缘石开口汇入生物滞留设施进行消纳，收满后溢流排放）

图 8-56　典型海绵设施径流组织图

（说明：路面雨水经植草沟导流至绿地内的生物滞留设施，屋面雨水落管断接并导流至生物滞留设施）

（12）新光嘉园二期安居房小区

1）项目概况

项目位于新吴区，东临兴源路，南临旺庄路，西临旺庄中学，北临旺庄老街，总用地面积 6.6 万 m²。

2）建设理念

项目为新建建筑小区类项目，在设计建设过程中，充分融合景观与海绵建设理念，旨在打造一个绿色宜居的海绵型小区。结合项目用地条件、竖向条件和管网情况将地块共划分为 8 个汇水分区。建筑采取外排水形式，在雨落管断接处设置去污消能设施，经过滤处理后进入下凹绿地。硬质地面区域，采用雨水花园结合植草沟导流的方式进行雨水控制与利用，通过植物、微生物、土壤系统对雨水进行渗入和净化，经过净化的雨水渗入补充地下水或通过系统底部的穿孔集管将其送至市政排水系统（图 8-57）。

图 8-57　海绵设施布置图

3）实施成效

项目充分利用自然生态空间，结合绿地景观，合理利用地形条件，设置生态海绵设施收集建筑屋面、周边绿地、附近铺装广场和道路的雨水，有效减少了地表径流，减轻了管网压力，降低了内涝风险。项目建成后，通过相关数据分析，年径流总量控制率不低于 71%、径流污染削减率不低于 64%（图 8-58~ 图 8-60）。

图 8-58　典型海绵设施径流组织图
（说明：硬质铺装雨水经路缘石开口汇流至绿地内的生物滞留设施）

图 8-59　典型海绵设施径流组织图
（说明：硬质铺装雨水顺坡自然汇流至绿地内的生物滞留设施）

图 8-60 典型海绵设施径流组织图
（说明：硬质铺装雨水经路缘石开口汇流至绿地内的生物滞留设施；屋面雨水经外排雨落管断接后，
经转输植草沟自然汇流至生物滞留设施）

（13）无锡城市家具展示中心

1）项目概况

项目位于无锡经开区，吴都路与南湖大道东北角，总用地面积约 2.64 万 m^2。

2）建设理念

项目以"共融、激活、连贯、场所感"为设计关键词，通过滨水绿道连接城市脉络，打造具有识别性的城市景观符号。项目建设过程中有机融合海绵城市建设理念，因地制宜营造地形、挡墙、跌水、台地等，设置了透水铺装、雨水花园、植草沟、植被缓冲带、水生植物带、卵石河滩、生态停车场、生物滞留池、跌水曝气净化池、喷灌系统等海绵设施（图 8-61）。合理组织雨水径流，将地表雨水、停车场径流雨水、展馆屋面雨水汇入生物滞留池，通过净化后一部分进入跌水曝气净化池，通过逐级曝气、进一步净化过滤排入河道，一部分用于补充绿化灌溉用水。在无雨天气将就近河水引入雨水花园，经过滤后汇入生物滞留池，经净化后进入跌水池，营造较好的跌水景观，通过跌曝进一步予以净化利用。该项目通过对多种海绵设施的综合利用，有效实现了对雨水的"渗、滞、蓄、净、用、排"，提高了对径流雨水的渗透、调蓄、净化、利用和排放能力，达到城市良性水文循环的目的（图 8-62~图 8-67）。

屋面雨水收集
生态停车场
雨水花园
跌水曝气净化池
生物滞留池
雨水回收池
透水铺装
卵石河滩
演艺台地

图 8-61　海绵设施布置图

透水沥青
路缘石开口
雨水径流
生物滞留设施
路缘石开口
河道微孔曝气

图 8-62　典型海绵设施径流组织图
（说明：雨水先通过透水沥青下渗，超标径流通过路缘石开口进入生物滞留设施进行消纳；
河道内设置微孔曝气，提升河道水质）

图 8-63　典型海绵设施径流组织图
（说明：屋面雨水断接后经过初级净化后输送至雨水花园等海绵设施）

图 8-64　典型海绵设施径流组织图
（说明：雨水先通过透水铺装下渗，超标径流汇入生物滞留设施进行消纳）

图 8-65 典型海绵设施径流组织图
（说明：雨水先通过透水铺装下渗，超标径流汇入海绵生物滞留池进行消纳）

图 8-66 典型海绵设施径流组织图
（说明：径流雨水经阶梯净化汇入生物滞留设施进行消纳，收满后通过卵石河滩进一步净化汇入河道）

图 8-67　典型海绵设施径流组织图
（说明：设置跌水曝气净化池，有效消除高差，避免径流雨水对绿地的冲刷，
并起到梯级净化过滤雨水的作用）

3）实施成效

项目建成后，通过相关数据分析，年径流总量控制率不低于 78%，径流污染削减率不低于 65%，有效改善城市水环境。此外，通过海绵城市建设，场地内每年可收集约 750 吨雨水用于绿化灌溉用水，实现了水资源的高效利用。

8.2　道路广场：既有"面子"又有"里子"

在道路广场类项目海绵化建设时，坚持"面子""里子"双提升。首先，做好雨水管道的建设、改造，建成区内执行 5 年一遇设计标准，建成区外执行 3 年一遇设计标准，确保雨水安全排放；其次，强化径流污染控制，尤其是针对城市主干道、人流量较大的广场等径流污染程度较高的项目，因地制宜设置径流污染控制效果好的生物滞留设施等海绵设施，提升径流污染控制效果。

（1）太湖广场城市更新项目

1）项目概况

● 基本情况

太湖广场北起永和路，南至钟书路，西起青年路，东至清扬路，是无锡标志性广场之一，地理位置优势十分凸显，四面被林立的高楼拥抱，中央地势低洼，中央绿地如明珠般镶嵌其中，宛如主城区"聚宝盆"般的存在（图 8-68、图 8-69）。

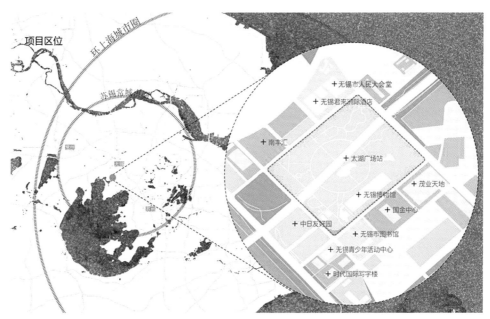

图 8-68　项目区位图

中心广场（一轴一环）
01 入口广场　　　07 无锡博物馆
02 下沉镜面水池　08 环形咖啡屋
03 树阵座椅　　　09 叶片咖啡屋
04 环带花境　　　10 水花园
05 景观桥　　　　11 警卫亭
06 健康环步道

清扬公园
12 邻水咖啡厅　　15 下沉花园
13 雨水花园　　　16 景观亭
14 清扬舫

文体公园
17 下沉广场　　　20 阳光草地
18 广场东北入口　21 景观绿池
19 景观廊架

青春球场
22 下沉广场　　　25 花瓣亭
23 停车场　　　　26 石语网
24 篮球场

拾光乐园
27 公共厕所　　　31 拾光花境
28 水滴广场　　　32 琉苏水景雕塑
29 夜光步道　　　33 服务中心
30 儿童乐园

图 8-69　项目平面图

项目实施前，场地下垫面主要由绿地、水体、建筑屋面、车行道、硬质铺地、停车位等组成，其中，绿地面积约为 98920.4m²，建筑屋面面积约为 9614.2m²，车行道面积、硬质铺装面积约为 83552.0m²，水体面积约为 8159.8m²，绿地率为 49.4%（表 8-1，图 8-70）。

●问题需求

太湖广场建成时间较早，后经过地块整合，现状地势高点在太湖下穿隧道上盖处，向南北逐渐降低，雨水径流不均衡；隧道上盖区域绿地覆土厚度不深，现状场地地势高点位于中间草坪处，向南北两侧逐渐降低，雨水形成地表径流后多数直接排入市政雨水管网，周边绿地和水体在场地内的雨水径流排放路径中参与性少，无法发挥雨水的消纳缓冲功能；场地内由于考虑历史文化性铺装的保留，硬质铺装的不透水材质比例多，在降雨量较大的情况下，难以吸收消纳，容易积聚较多的地表径流。

表 8-1　下垫面分析表

序号	下垫面种类	面积（m²）	面积占比	雨量径流系数
1	道路铺装	83552.0	41.72%	0.80
2	绿地	98920.4	49.40%	0.15
3	屋面	9614.2	4.80%	0.90
4	水体	8159.8	4.08%	1
5	合计	200246.4	100%	0.49

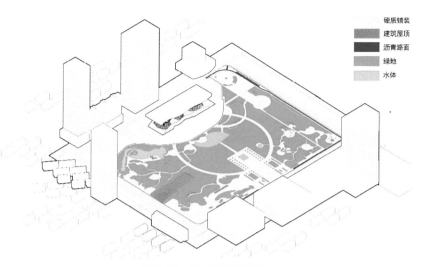

硬质铺装
建筑屋顶
沥青路面
绿地
水体

图 8-70　场地下垫面分布图

2）项目措施

●建设目标

根据《无锡市海绵城市专项规划（2016—2030）》，项目海绵城市设计控制指标为 LX-24 二级分区。年径流总量控制率设计目标为 73%，对应降雨量为 20.6mm，年径流污染（以 SS 计）削减率目标为 60%。

●总体思路

项目改造从百姓的切实需求出发，以微更新的手法提升城市空间品质和生态环境质量，致力于在中心城区为广大市民游客提供一个环境优美的休闲游憩场地。根据不同的汇水分区特点，因地制宜进行海绵城市设计，将绿色设施和灰色设施互相结合搭配。按照汇水分区规划设计要求，以太湖大道下穿隧道和广场中轴为分割线，将广场分为四个主要排水分区。依据道路坡向以及场地竖向标高，并结合绿地分布和道路走向，将项目划分为 28 个汇水分区，各个汇水分区中海绵设施收集后进行回收利用雨水资源。通过景观化海绵设施改造、游憩功能设施提升、生态净化水系的建立、海绵城市科普宣传有机融合，多元化多层次的改造让太湖广场蜕变为融合自然、城市、文化及共享生活的活力城市客厅与公园式广场。

在绿地比例较多区域，将有调蓄功能的生态绿色设施放置于绿地较为集中和地势低洼区域，尽可能将地表径流下渗和滞蓄；在覆土的地库范围上方区域以及靠近建筑基础周边的区域主要考虑植草沟、下凹绿地、盲管等海绵设施，减少海绵设施对建筑的影响；在以铺装为主的区域，根据径流需求和成本因素，部分采用透水铺装将雨水下渗，在不透水铺装周边利用管沟将雨水汇集后入海绵设施后净化下渗，再溢流入雨水管网内，

设计思路和理念

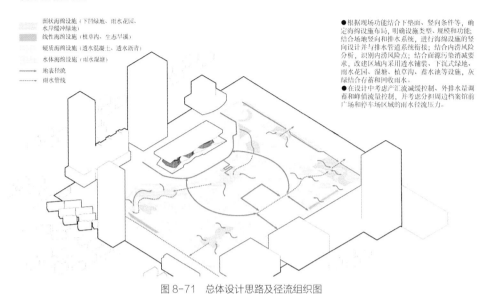

图8-71 总体设计思路及径流组织图

延长雨水排放路径时间；景观水体区域，利用自然水体及周边地形，通过海绵设施汇集周边雨水，进入水体作为雨水存蓄和净化空间（图8-71）。

●技术路线

在现状调研和资料梳理整合的基础上，对研究范围内现状要素进行评估和识别，分析出研究范围及周边区域的现状情况。基于《无锡市海绵城市专项规划（2016—2030）》等相关技术要求，结合项目现状及海绵建设目标，同时考虑无锡未来所面临的主要问题，统筹兼顾防洪排涝、径流污染控制、雨水资源综合利用等多种目标，构建绿色、减排、可持续发展的海绵系统。针对项目建设特点，探索适合本项目的海绵城市建设模式，对雨水花园、生物滞留设施等海绵建设方案进行比选分析，确定海绵技术方案。针对项目不同分区自身特点，依据总体目标进行分区方案设计。具体技术路线如图8-72所示。

●汇水分区

根据雨水管网建设情况，项目划分为4个排水分区，S1、S2分区雨水收集处理后，排向地块内的海绵设施再外排至市政管网；S3分区内雨水收集处理后引入中轴南侧的现有水池净化处理再外排至市政管网；S4分区内通过现有水体收集场地内雨水净化后外排至市政管网。整个场地依据道路坡向以及场地竖向标高，并结合绿地分布和道路走向，将项目划分为28个汇水分区，各个汇水分区中海绵设施收集雨水后进入场地雨水管网（图8-73、图8-74）。

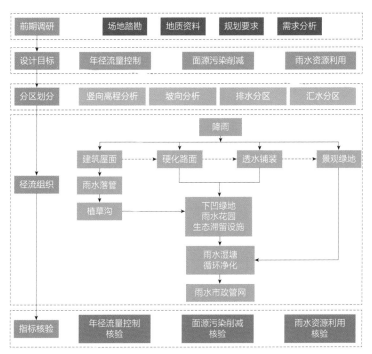

图 8-72 技术路线图

图 8-73 汇水分区图   图 8-74 雨水管线图

●海绵设施布局

项目中轴广场需要保留的硬质铺装面积较大，且材质为石材，其径流系数大，铺装内空间不足以布置下凹绿地雨水花园等生态滞留设施。因此，海绵设施布置遵循化整为零的策略，多采用点线结合的方式布置海绵设施，通过雨水管沟将雨水接入周边绿地海绵设施内，延长整体雨水径流在场地内的滞留时间；西北角的活动场地区域，主要进行帕米孔透水铺装改造，就地消纳雨水，适当增加雨水花园与下凹绿地，丰富海绵设施类型；在老清扬公园地块内利用现有水塘改造为雨水湿塘，海绵设施处理后再进入博物院广场前雨水回用池二次处理，最终排入市政管网（图 8-75~ 图 8-77）。

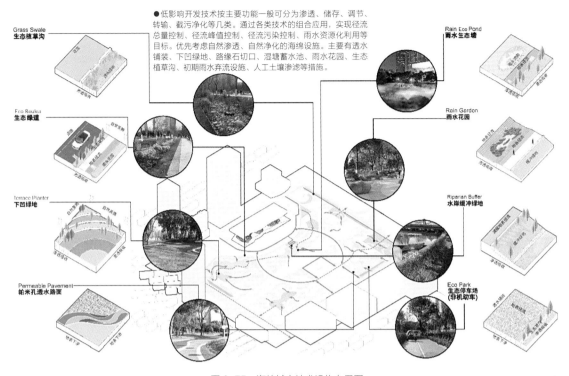

●低影响开发技术按主要功能一般可分为渗透、储存、调节、转输、截污净化等几类。通过各类技术的组合应用，实现径流总量控制、径流峰值控制、径流污染控制、雨水资源化利用等目标。优先考虑自然渗透、自然净化的海绵设施。主要有透水铺装、下凹绿地、路缘石切口、湿塘蓄水池、雨水花园、生态植草沟、初期雨水弃流设施、人工土壤渗滤等措施。

图 8-75　海绵城市技术设施布局图

图 8-76　透水铺装示意图

图 8-77　植草沟示意图

●雨水收集利用示范区

位于太湖广场东南角的清扬公园是一处老公园，地块内草坪地形有自然高低起伏，且具备天然跌层式的水体区域，海绵改造的基础条件好，因此本次改造计划将此处区域作为海绵设施及雨水收集示范的集中展示区域（图 8-78）。

首先，将原有水体改造成为一处天然雨水湿塘，在蓄积雨水时利用水体底部的高差形成梯级水体跌落，利用高差分隔设置前置塘和主塘，结合抽水泵站形成水体内的自循环，在水体周边布置生物海绵滞留设施净化雨水，并与博物院前的广场水池联通，结合生态浮床等水体净化设施，形成天然的雨水回收利用系统（图 8-79、图 8-80）。

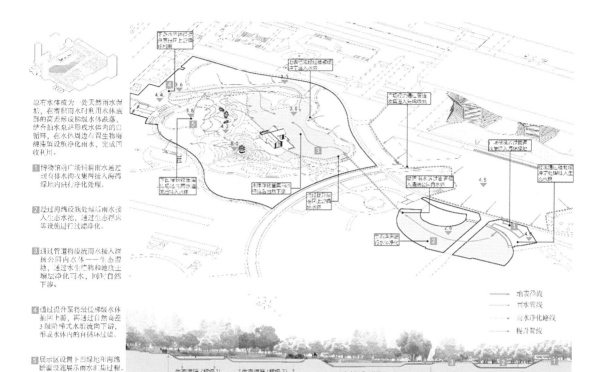

原有水体成为一处天然雨水湿塘，在常积雨水口利用水体底部的高差形成梯级水体跌落，结合抽水泵还形成水体内的自循环，在水体周边及沿程生物海绵降解设施净化雨水，完成回收利用。

1 博物馆的广场铺装雨水通过现有排水沟收集后接入海绵绿地内进行净化处理。

2 经过海绵设施处理雨水接入生态水池，通过生态湿地等设施进行过滤净化。

3 通过管道将径流雨水接入清扬公园内水体——生态湿地，通过水生植物和池底土壤层净化雨水，同时自然下渗。

4 通过提升泵将最低梯级水体抽向上游，再通过自然高差3级阶梯式水跌流向下游，形成水体内的自循环过程。

5 展示区设置下凹绿地和海绵断面设施展示雨水汇集过程。

图 8-78　雨水收集利用示范路径图

生态湿塘（梯级1）　　生态湿塘（梯级2）　　生态湿塘（梯级3）　　生态水池（蓄积雨水）

—— 地表径流
---- 雨水管线
---- 雨水净化路线
---- 提升管线

雨水湿塘

应用范围：清扬公园内水体。

功能：湿塘是指常年保持一定水域面积且具有拦截、临时蓄存径流雨水，并通过排水口慢慢将其引入雨水排放系统或受纳水体等功能的低势区。本次湿塘改造的主要功能是结合前置塘主塘的分布来进行滞流雨水、调节流量，延长排放时间，并具有一定的净化功能，一般用以削减峰值流量，同时雨水也可作为其补水水源。

图 8-79　雨水湿塘

植被缓冲带

清扬公园内水岸两侧布置了具有净化缓冲作用的植物滞留带，可以对道路场地的地表径流进行预处理，减少面源污染直接进入水体，同时种植水生植物可有效净化雨水径流，雨水在循环净化后自然下渗。

图 8-80　植被缓冲带

此外，在清扬公园内设置可视化的雨水下渗净化剖面展示，结合互动功能设施，将整个清扬公园打造为集雨水收集、净化、循环利用、科普展示为一体的示范区（图 8-81）。

图 8-81　海绵断层雨水下渗展示设施

3）项目成效

●模型验证

利用 SWMM 低影响开发模拟软件对本项目的建设方案进行模拟，评估项目海绵建设前后在 24 小时设计降雨及典型年间隔 5 分钟降雨条件下的雨水径流总量控制率、径流峰值削减率和径流污染（以 SS 计）削减效果。

模拟结果显示，当按年径流总量控制率为 75% 设计降雨量（22.6mm）计算时，场地雨水无需外排，径流峰值削减率为 64.8%（表 8-2，图 8-82）。

表 8-2　模型验证结果

设计标准（年径流总量控制率 75%）	设计降雨量（mm）	产流量（m³）	出流量（m³）	场地内降雨径流体积控制率	峰值削减率
改造前	22.6	45211.3	29387.3	35.2%	64.8%
改造后	22.6	45211.3	0	100%	

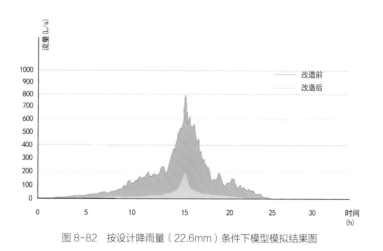

图 8-82　按设计降雨量（22.6mm）条件下模型模拟结果图

太湖广场通过透水铺装和植草沟以及管线设施，将场地中地表径流引入周边下凹绿地、雨水花园等生物滞留设施中，进行初期处理净化和自然下渗，增加了地表径流在场地内停留的时间，减轻了周边市政雨水管网的负荷。

●实施效果

改善原有场地景观品质，原有水体的水质由原先 IV 类水提升至 III 类水，综合实现场地内生态、环境、景观等多重效益。在满足本身功能条件下，基于场地的自然条件和周边用地建设情况，科学系统地选取海绵技术手段，从美学、人文、智慧三个视角出发，协同景观设计解决场地现存问题，实现广场雨水的优化管理。

改造前   改造后

图 8-83 海绵设施建设前后对比图

　　本次改造利用雨水径流展示、雨水收集展示、感应互动装置、游戏互动装置，最大程度地发挥了海绵城市科普教育的示范效益，对海绵城市的理念进行了积极推广（图 8-83）。

　　●项目获奖

　　建设完成后，先后获得"2023 年度江苏省海绵城市优秀工程项目"一等奖（图 8-84）、无锡市第二届"民心工程奖"金奖、"无锡市园林优质工程"等荣誉。

图 8-84 2023 年度江苏省海绵城市优秀工程项目获奖证书

（2）蠡太路扩宽及周边环境提升工程

1）项目概况

蠡太路位于无锡市滨湖区蠡湖街道，北起太湖大道，南至隐秀路，道路全长约 1489m，路宽 8~13m 不等，一块板断面形式，无中分带、侧分带及路外绿化，现状综合径流系数为 0.90（图 8-85）。

蠡太路沿线整体地势平坦，竖向高程介于 4.30~4.55m 之间。经过对现状老路的实地踏勘，结合区位、测量及物探资料，分析其需要解决的问题包括：

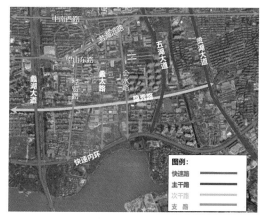

图 8-85 项目区位图

道路内涝严重。老蠡太路于 2006 年建成，现状雨水管道 DN200~DN300，下游雨水主管 DN400~DN500，管径小，断面过流能力不足，内涝严重。

道路建设条件差。现状道路宽 8~13m 不等，改造后宽 21~24m，一块板断面，无中分带、侧分带及路外绿化。地下管网密集，现状电力、通信、给水、燃气、污水等管网需保护利用，设置海绵设施空间有限（图 8-86~ 图 8-88）。

地处商业街区，改造影响大，施工周期短。项目地处湖滨商业街，人流密集，施工改造影响大，为降低施工带来的负面影响，在保证工程质量的前提下，尽量缩短工期。

图 8-86　改造前排水设施实景照片

图 8-87　改造前道路实景照片

图 8-88　改造前地下管线实景照片

2）项目措施

●建设目标

根据《无锡市海绵城市专项规划（2016—2030）》，蠡太路海绵城市的设计目标指标如下：

年径流总量控制目标：年径流总量控制率为 60%，所对应的设计降雨量为 13.5mm。

径流污染控制目标：年径流污染（以 SS 计）削减率为 48%。

●建设原则

问题导向。以问题为导向，重点解决项目现有的问题。通过新建排水管网和海绵设施的建设，提高道路排水能力，解决片区内涝积水问题。

分区控制。充分利用场地的地形坡向，在竖向分析的基础上，划分汇水分区，通过合理的雨水组织，以汇水分区为单元设置针对性的雨水控制与利用设施。

因地制宜。结合项目条件，科学选用适宜雨水设施，并根据需求进行技术优化；兼顾功能性、美观性。

以人为本。结合沿线存在的实际问题和居民、商户的实际需求，将海绵设施建设与道路拓宽、周边提升等相结合，系统提升道路整体功能和景观效果。

●技术路线

根据上位规划的要求，分析现状水文地质特征和建设情况，确定项目的设计目标与指标。根据雨水流量计算及下游接口情况，新建雨水管道，优化雨水排向。强化雨水组织和源头控制，以汇水分区为单位，分别确定各个汇水区的海绵设施。人行道雨水下渗通过盲管汇入生态树池，车行道雨水通过横坡汇流至生态树池，生态树池对雨水进行净化排放，暴雨期间多余雨水溢流排放。生态树池隐形设计，兼顾功能性、美观性。采用预制与现浇相结合工艺，因地制宜，有效缩短工期，降低对周边居民、商户的影响（图 8-89）。

●建设方案

改造雨水管网，提高排水能力。对雨水管网进行改造，双侧布置雨水管，以路中为分流点，向两侧就近排入相交道路雨水主管，从而达到雨污分流的目的。考虑到下游管径不足，存在"大管接小管"现象，为避免溢流现象，同时充分利用邻近道路雨水主管富余量，新建雨水管在分流点设置连通管，双侧雨水管间增设横向连通管，确保下游堵塞或泄流不足时雨水可以实现反排，将下游管网泄洪能力用足，且为排水管网增加了一道保险，从而提高道路自身排水能力，缓解内涝问题（图 8-90）。

汇水分区。为保障设计的各类雨水设施高效发挥控制作用，结合道路竖向设计、管线设计、树池设计，将全线分为 12 个汇水分区（图 8-91）。

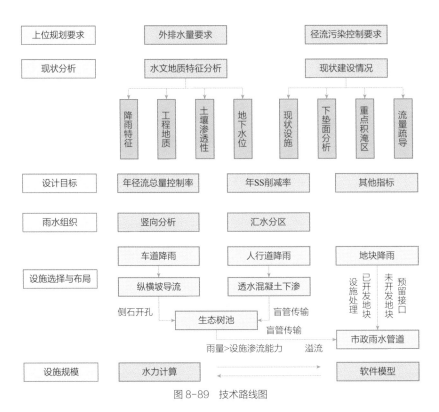

图 8-89　技术路线图

图 8-90　雨水管网改造

　　设施选择。在提高道路自身排水能力的基础上，进行海绵城市设计，设置生态树池、透水铺装，进行雨水调蓄，缓解洪峰效应，双管齐下，从根本上解决内涝问题。人行道采用透水混凝土铺装，并结合行道树设置生态树池（图 8-92）。

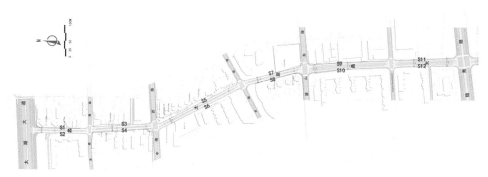

图 8-91　雨水汇水分区图

图 8-92　透水铺装及生态树池施工

人行道采用透水混凝土，下设封层及盲管，人行道雨水下渗通过盲管收集后流入生态树池；车行道雨水通过生态树池开口流入生态树池，通过盲管流入雨水管网，暴雨期间通过溢流口溢流至雨水管网。生态树池通过盲管与树池相连，实现对树池的补水、排水功能（图 8-93、图 8-94）。

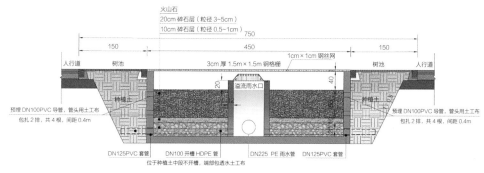

图 8-93　生态树池剖面图

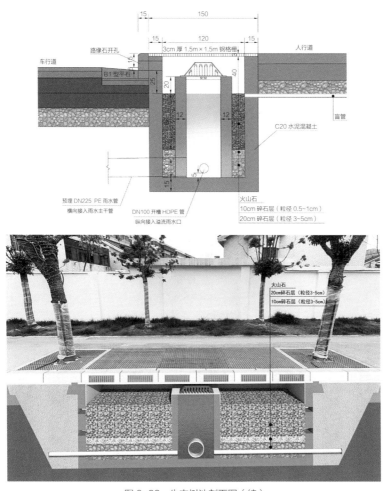

图 8-93　生态树池剖面图（续）

图 8-94　生态树池细部处理

采用预制装配工艺，缩短工期。项目地处湖滨商业街，人流密集，施工改造影响大，为降低施工带来的负面影响，有条件路段采用预制装配式工艺，生态树池工厂预制养护、现场进行吊装，大大缩短了施工周期，降低了对周边环境的影响（图 8-95）。

图 8-95　生态树池预制及吊装

3）项目成效

●投资估算

本项目海绵城市设施改造投资 411.97 万元，主要设施包括生态树池、透水人行道铺装，单位面积投资为 116 元 /m² （表 8-3）。

表 8-3　项目投资情况表

序号	工程项目	单位	数量	单价（元）	金额（万元）
1	生态树池	座	109	26000	283.40
2	雨水溢流口	座	109	1200	13.08
3	溢流口连接管	m	707	600	42.42
4	盲管	m	2875	200	57.50
5	防渗土工布	m²	7784	20	15.57
6	合计	—	—	—	411.97

注：透水混凝土人行道费用计入道路改造。

●建成实景

蠡太路结合扩宽及周边提升改造契机，融入海绵城市建设理念，通过新建雨水管网，划制雨水分区，优化雨水排向，采用透水铺装和生态树池调蓄，彻底解决了内涝问题；通过道路扩宽和配套提升改造，道路整体环境大幅度提高；通过以人为本的海绵设施细节设计，实现了海绵设施的隐形设置，有效地保证了慢行通道，提高了商业街沿线的商业氛围（图 8-96、图 8-97）。

图 8-96 蠡太路改造后整体效果

2021 年改造前   2023 年改造后

图 8-97 蠡太路改造前（左）后（右）效果对比图

2021 年改造前　　　　　　　　　　　2023 年改造后

图 8-97　蠡太路改造前（左）后（右）效果对比图（续）

●效果评估

项目实施后，根据数场降雨数据检测成果，监测出流量均满足目标要求（图 8-98、图 8-99）。

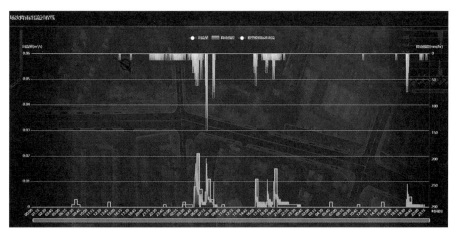

图 8-98　2023 年 7 月 19 日—7 月 22 日降雨监测与模型模拟图

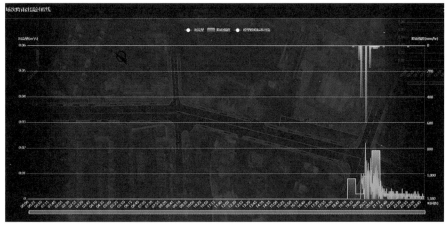

图 8-99　2023 年 8 月 14 日降雨监测与模型模拟图

项目实施后，历经数次暴雨验证，均不存在积淹水情况。设置带钢格栅盖板的生态树池，保证了人行道有效空间，提高了沿线商业氛围，得到沿线商户和周边居民的广泛好评（图 8-100）。

图 8-100 2023 年 7 月 10 日暴雨期间蠡太路实景照片

● 各方面反响

项目自完工后，住房和城乡建设部、江苏省住房和城乡建设厅、无锡市住房和城乡建设局、滨湖区住房和城乡建设局及其他省市领导、专家先后进行考核、参观、学习，得到了领导、专家们的广泛好评与认可。

（3）340 省道无锡段（西环线—常州交界段）改扩建项目

1）项目概况

项目位于惠山区，东起锡西大道西侧，西至锡溧漕河，道路红线宽度为 42.5m，长约 5.9km，总用地面积约为 24.7 万 m²。

2）建设理念

项目实施前排水标准较低，场地竖向及径流控制紊乱，无法收集高架道路及路面径流，同时，道路及桥下景观绿化效果较差。在充分调研场地竖向、独特功能布局及道路坡向情况后，将本项目海绵工程总体分为城镇段、公路段和郊野风光段三个部分，共划分 49 个子汇水分区。充分利用城镇段口袋公园、公路段桥梁下方、郊野风光段两侧等面积较大的绿地空间，在低点处布设雨水花园等海绵设施吸纳绿地和路面雨水，搭配植物种植，实现雨水收集、净化和造景功能三位一体。城镇段将道路两侧人行道设置为透水铺装，沿线存在两处较大可绿化区域，绿化内设置海绵设施进行调蓄，海绵设施收集雨水径流，通过溢流管排入北侧道路排水系统（图 8-101）。公路段以直湖港大桥为中心分为东西两段，利用桥下绿化布置海绵设施，桥面雨水经泄水管进入海绵设施。西段

图 8-101　城镇段海绵设施径流组织图

（说明：城镇段将道路两侧人行道做成透水铺装，雨水经下渗进入盲管，径流雨水顺坡汇入两侧下凹绿地）

雨水经溢流管流至边沟，最后进入圆管涵进行排水；东段雨水经溢流管溢流至现状雨水管，最终排至现状河道（图 8-102）。郊野风光段利用道路两侧绿地改造边沟，沿线布置雨水花园等海绵设施，雨水经海绵设施溢流口散排至现状河塘（图 8-103）。本项目"一路三尝试"，对城镇段、公路段、郊野风光段海绵道路建设进行了积极探索，改善了城市生态品质，提升了群众的幸福感与获得感（图 8-104）。

3）实施成效

项目有机结合竖向设计、绿化设计以及排水设计，因地制宜采取不同的技术措施，充分发挥道路、绿地等生态系统对雨水的吸纳、蓄、渗和缓释作用，既有效控制雨水径流，削减径流峰值，降低内涝风险，又丰富了景观效果，实现了"会呼吸、有韧性"的城市新型道路建设。项目建成后，通过相关数据分析，年径流总量控制率不低于 70%，径流污染削减率不低于 60%。

（4）枫杨路（锡西大道—洛杨北路）改建项目

1）项目概况

项目位于惠山区洛社镇，东起锡西大道，往西经大槐路、梧桐路、志公路、金桂路，终于洛杨北路，道路全长约 2.4km，断面宽度 20~24m，总用地面积约 10.02 万 m^2。

图 8-102　公路段海绵设施径流组织图
（说明：桥面雨水经泄水管排入雨水花园，雨水经溢流管溢流至现状雨水管，最终排至周边河道）

图 8-103　郊野风光段海绵设施径流组织图
（说明：利用道路两侧绿地改造边沟，道路雨水径流汇入雨水花园进行消纳，收满后溢流排放）

改造前　　　　　　　　　　　　　　　　　　改造后

改造前　　　　　　　　　　　　　　　　　　改造后

图 8-104　海绵化改造前后对比图

2）建设理念

项目在优化提升道路功能的基础上，通过海绵城市建设解决道路积水、降雨径流污染等问题，实现可持续水循环。项目有机结合竖向设计、绿化设计、道路设计以及排水设计，划分 16 个汇水分区。针对不同场地类型及布局，布置生物滞留带、雨水花园、透水铺装为主的海绵设施，路面雨水通过开孔侧石及植草沟导流，辅以环保型雨水口，合理组织雨水径流。在市政雨水管道翻建的基础上，利用绿地、透水路面作为源头雨水系统，生物滞留带、雨水花园等海绵技术措施作为过程雨水系统，溢流设施作为安全雨水系统，市政雨水管道作为末端雨水系统，通过放坡路面、开孔侧石、环保型雨水口、排水盲管、溢流管道等附属设施衔接四个雨水系统，构建完整的生态排水系统，优化雨水排放路径，削减道路径流污染，缓解雨水管道排水压力（图 8-105、图 8-106）。

3）实施成效

项目通过海绵城市建设极大提升了道路海绵空间的雨水滞蓄、净化和行泄能力，有效缓解了城市面源污染严重问题；构建了生态排水系统，赋予绿地更好的生态功能，最大程度地恢复了被破坏片区的水文循环，丰富了片区生物多样性，建成环境友好、交通有序、环境整洁、景观优美的高品质道路（图 8-107）。项目建成后，通过相关数据分析，年径流总量控制率不低于 85%，径流污染削减率不低于 72%。

图 8-105　典型海绵设施径流组织图
（说明：人行道雨水先通过透水铺装下渗，人行道超标径流、车行道路面径流通过路缘石开口汇入
生物滞留带净化、渗透，收满后溢流排放）

图 8-106　典型海绵设施径流组织图
（说明：路面雨水通过开孔侧石汇入生物滞留设施，收满后溢流排放）

改造前　　　　　　　　　　　　改造后

改造前　　　　　　　　　　　　改造后

图 8-107　海绵化改造前后对比图

（5）新光路北延新建道路工程

1）项目概况

项目位于无锡市锡山区，南起新明路，北至新兴塘河，道路红线宽 24m，全长约 174m，总用地面积约 0.42 万 m^2。

2）建设理念

项目采用雨污分流制，雨水管网按照 3 年一遇进行设计。根据道路竖向设计，划分为 2 个汇水分区，结合景观微空间的打造，对城市道路、海绵设施、绿化景观等进行有机融合，有效地丰富了传统景观系统的层次感，设置透水铺装、生物滞留带等海绵设施，路面雨水通过侧石开口引入生物滞留带进行调蓄和净化，超标径流通过溢流口排放至市政雨水管道（图 8-108~图 8-110）。

3）实施成效

项目通过海绵城市建设，系统提升了道路的整体环境和景观效果，降低了雨水径流，消除内涝及积水隐患问题。项目建成后，通过相关数据分析，年径流总量控制率不低于 84%，径流污染削减率不低于 64%。

图 8-108 海绵设施布置图

图 8-109 典型海绵设施径流组织图
（说明：人行道雨水先通过透水铺装下渗，人行道超标径流、车行道路面径流通过侧石开口汇入
生物滞留带净化、渗透，收满后溢流排放）

图 8-110　典型海绵设施径流组织图

（说明：人行道雨水先通过透水铺装下渗，人行道超标径流、车行道路面径流通过侧石开口汇入
生物滞留带净化、渗透，收满后溢流排放）

（6）安鸿路（飞凤路—鸿山路）新建工程

1）项目概况

项目位于新吴区鸿山街道，西起鸿山路，东至飞凤路，总用地面积 2.8 万 m²。

2）建设理念

项目两侧绿地空间有限，周边现状情况复杂，存在许多限制条件，如鸿山医院、村庄、河道、河岸等，道路南侧与医院围墙间绿化带较窄、道路红线与周边地块红线间距离有限等。项目有机统筹竖向设计、绿化设计、道路设计以及排水设计，协调海绵城市建设与景观提升、场地布局关系，点、面结合，形成海绵城市一体化建设方案。项目划分为 6 个汇水分区，以分区为单位，建设透水铺装、雨水花园等海绵设施，雨水通过横纵坡经人行道暗涵漫流至植草沟，汇集至雨水花园中进行过滤净化，超量雨水进入溢流井中流入雨水管网，最终排入沈家桥浜河道（图 8-111~ 图 8-114）。

3）实施成效

项目因地制宜采用不同海绵设施，既有效控制了雨水，又丰富了景观效果。项目建成后，通过相关数据分析，年径流总量控制率不低于 69%，径流污染削减率不低于62%。此外，项目有效探索了道路景观的生态性和可持续性与海绵城市功能性相结合，

图 8-111　典型海绵设施径流组织图
（说明：人行道雨水先通过透水铺装进行下渗和排空，超标径流利用横坡汇入外侧的海绵设施。
道路雨水通过人行道过路暗涵汇流入绿地中的雨水花园进行消纳）

图 8-112　典型海绵设施径流组织图
（说明：人行道雨水先通过透水铺装进行下渗和排空，超标径流利用横坡汇入外侧的海绵设施。
道路雨水通过人行道过路暗涵汇流入绿地中的雨水花园进行消纳）

图 8-113　典型海绵设施径流组织图
（说明：人行道雨水先通过透水铺装进行下渗和排空，超标径流利用横坡汇入外侧的海绵设施。
道路雨水通过人行道过路暗涵汇流入绿地中的雨水花园进行消纳）

图 8-114　典型海绵设施径流组织图
（说明：人行道雨水先通过透水铺装进行下渗和排空，超标径流利用横坡汇入外侧的海绵设施。
道路雨水通过人行道过路暗涵汇流入绿地中的雨水花园进行消纳）

利用周边河道水系,将道路景观与周边医院、林地、村庄等进行有机融合,成功打造了一个生境多样化、景色宜人、海绵功能复合的道路公共景观。

(7)章顾巷路新建工程

1)项目概况

项目位于锡山区东北塘街道北部,为南北走向城市支路。项目南起农石路,北至东鹏路,路线全长 0.52km,道路规划红线宽度 15m,总用地面积约 1.2 万 m^2。

2)建设理念

项目采用雨污分流制,雨水管网按照 3 年一遇进行设计。根据道路竖向设计,划分为 9 个汇水分区,结合景观微空间的打造,对城市道路、海绵设施、绿化景观等进行了有机融合,有效地丰富了传统景观系统的层次感,设置下凹绿地、生物滞留池等海绵设施,路面雨水通过路缘石开口引入生物滞留池进行调蓄和净化,超标径流通过溢流口排放至市政雨水管道(图 8-115~ 图 8-118)。

3)实施成效

项目通过海绵城市建设,系统提升了道路的整体环境和景观效果,降低了雨水径流,消除内涝及积水隐患问题。项目建成后,通过相关数据分析,年径流总量控制率不低于 80%,径流污染削减率不低于 65%。

图 8-115　海绵设施布置图

图 8-116　典型海绵设施径流组织图
（说明：路面雨水经路缘石开口汇入绿化带内的生物滞留池内进行净化、渗透）

图 8-117　典型海绵设施径流组织图
（说明：路面雨水经路缘石开口汇入绿化带内的生物滞留池内进行净化、渗透）

图 8-118　典型海绵设施径流组织图

（说明：路面雨水经路缘石开口汇入绿化带内的生物滞留池内进行净化、渗透）

（8）梁东路西延改扩建项目

1）项目概况

项目位于梁溪区，西起大桥路，东至南湖大道，为城市次干路，红线宽 30m，全长约 1.05km。

2）建设理念

项目以道路提升改造为契机，围绕现状存在积水隐患、道路两侧机动车乱停乱放、两侧景观缺失等问题，在充分调研场地竖向设计、道路横断面、周围建筑设计及道路坡向情况后，将道路总体分为 11 个汇水分区，强化海绵设施净化和渗排功能，利用道路线性特点，构建带状海绵脉络，进而提供生态水资源补充河道、解决雨洪风险、提升景观效果。项目利用道路绿化及部分路外空间，采用"暗涵 + 生物滞留带 + 雨水花园"的海绵设施组合，海绵设施内设置溢流雨水口，布置在设施纵坡下游处，保证径流在设施内具有足够的渗透、净化过程。人行道设置路牙开口，通过暗涵将雨水引流至海绵设施，暗涵出口设置卵石框进行消能。通过海绵城市建设，重新梳理了排水组织，强化了海绵设施净化和渗排功能，有效消除了积水点区域，整体提升了道路的整体景观效果（图 8-119~图 8-121）。

3）实施成效

项目将海绵城市理念融入道路、景观设计中，综合统筹源头海绵、雨水管渠和内涝防治三大系统，构建与道路、景观设计相协调的生态排水设计方案，通过在道路及红线外绿地设置海绵设施，构建径流行泄通道，切实解决道路积水和面源污染问题。项目建成后，通过相关数据分析，年径流总量控制率不低于 82%，径流污染削减率不低于60%。通过海绵城市建设，对改善项目周边地区的排涝安全和水体健康提供了积极的支撑作用，大幅提升区域生态景观效益。

图 8-119　典型海绵设施径流组织图

（说明：人行道雨水先通过透水铺装自然下渗，超标径流雨水利用高差汇入生物滞留带进行消纳）

图 8-120　典型海绵设施径流组织图

（说明：人行道雨水先通过透水铺装进行下渗和排空，超标径流利用横坡汇入外侧的海绵设施。
路面径流沿道路坡向流入人行道暗涵，经消能石消能后进入生物滞留设施进行消纳）

改造前　　　　　　　　　　　改造后

改造前　　　　　　　　　　　改造后

图8-121　海绵化改造前后对比图

（9）春富路（江华路—新光路）新建工程

1）项目概况

项目位于无锡市新吴区江溪街道，起点为江华路，终点为新光路。路线全长约456m，红线及选址线宽度为30m，全线采用城市次干路标准建设。

2）建设理念

项目从改善区域慢行系统、提升区域路网的整体通行能力考虑，同时融入海绵城市建设理念。根据道路竖向设计，将项目划分为12个汇水分区，各汇水分区内均布置海绵设施。因地制宜选择生物滞留带、透水铺装等海绵设施，人行道采用透水铺装，部分雨水直接下渗，道路雨水通过道路横坡由侧石开口汇流入生物滞留带滞蓄控制，超过设计标准的雨水通过溢流口排入市政管网。在交叉口和道路高点设置环保型雨水口，以削减无法采用源头设施控制的道路径流。该项目以生物滞留带为点，透水人行道为线，构建低影响开发雨水系统，切实解决城市内涝、地表径流污染等问题，并将海绵设施与绿化景观有机融合，打造了一条色彩绚烂、滞排有序的生态通廊（图8-122~图8-126）。

3）实施成效

项目通过设置透水铺装和生物滞留带等海绵设施，最大程度提升了场地雨水径流控制能力，及时回补地下水，确保开发建设过程中外排径流总量和峰值流量得到控制，项

图 8-122 海绵设施布置图

图 8-123 典型海绵设施径流组织图
（说明：道路雨水通过侧石开口引入生物滞留带，人行道雨水通过透水铺装下渗，
超标径流利用坡向自然汇入生物滞留带）

图 8-124　典型海绵设施径流组织图

（说明：人行道采用透水混凝土结构，雨水先通过透水铺装下渗，超标径流利用坡向自然汇入生物滞留带）

图 8-125　典型海绵设施径流组织图

（说明：道路雨水通过侧石开口引入生物滞留带，人行道雨水通过透水铺装下渗，
超标径流利用坡向自然汇入生物滞留带）

图 8-126　典型海绵设施径流组织图
（说明：道路雨水通过侧石开口引入生物滞留带，人行道雨水通过透水铺装下渗，
超标径流利用坡向自然汇入生物滞留带）

目年径流总量控制率可达 70%，面源污染削减率（以 SS 计）可达 66%，保证下游已建管网收集的雨水不会随城市化进程逐年急剧增加，有效缓解了城市高人车流量道路雨水径流污染地表水的问题。

（10）江学路（春富路—锡士路）新建工程

1）项目概况

本项目位于无锡市新吴区，西起春富路，向东终于锡士路，全长约 427m。

2）建设理念

项目从改善区域慢行系统，解决道路硬化、开裂、排水不畅造成的路面裂缝、积水、渗水严重等问题出发，按照海绵城市建设理念，对城市道路进行排水功能改进，根据道路竖向变化，划分为 10 个汇水分区，设置透水铺装、生物滞留带等海绵设施，道路雨水通过道路横坡由路缘石开口汇流入生物滞留带滞蓄控制，人行道透水混凝土下设盲管，盲管连接生物滞留带溢流井，超标雨水经过生物滞留带后进入市政管网。以生物滞留带为点，透水人行道为线，构建低影响开发雨水系统，切实解决城市内涝、地表径流污染等问题，并将海绵设施与绿化景观有机融合，打造一条色彩绚烂、滞排有序的生态通廊（图 8-127~图 8-129）。

图 8-127　典型海绵设施径流组织图
（说明：道路雨水通过路缘石开口引入生物滞留带，经生物滞留带渗蓄净化后排入市政雨水管网）

图 8-128　典型海绵设施径流组织图
（说明：人行道采用透水混凝土铺装，超标径流利用坡向自然排入生物滞留带）

图 8-129 典型海绵设施径流组织图
（说明：道路雨水通过路缘石开口引入生物滞留带；人行道采用透水混凝土铺装，
超标径流利用坡向自然排入生物滞留带）

3）实施成效

项目通过设置透水铺装和生物滞留带等海绵设施，最大程度提升了场地雨水径流控制能力，确保土地的开发过程中外排径流总量和峰值流量得到控制。项目实施后年径流总量控制率可达 77%，面源污染削减率（以 SS 计）可达 72%，使得下游已建雨水管网压力不会随城市化进程逐年急剧增加，有效缓解了道路路面不透水造成的内涝积水问题。

（11）南湖大道（观山路—周新东路）道路提升改造工程

1）项目概况

项目位于无锡市经济开发区，起点位于周新东路，向南终于观山路，用地面积约为 9.60 万 m^2。

2）建设理念

项目在道路改造中充分融入海绵城市建设理念，将景观与海绵设施充分融合，打造高品质的街道景观空间。结合项目建设条件及建设方案，划分为 18 个汇水分区，并因地

雨水花园

卵石沟

下沉式绿地

图 8-130 海绵设施布置图

生物滞留带

图 8-131 典型海绵设施径流组织图
（说明：道路雨水径流利用高差汇流至生物滞留带进行消纳）

图 8-132　典型海绵设施径流组织图
（说明：道路雨水汇流至绿地内的生物滞留设施就进行消纳）

图 8-133　典型海绵设施径流组织图
（说明：硬质铺装雨水汇流至下沉式绿地进行消纳）

改造前   改造后

改造前   改造后

图 8-134 海绵化改造前后对比图

制宜布置透水铺装、生物滞留设施、植草沟、玻璃轻石、下沉式绿地等海绵设施，合理组织硬质下垫面雨水径流至海绵设施的排水路径，充分实现雨水的"渗、滞、蓄、净、用、排"（图 8-130~ 图 8-133）。项目设置雨水监测系统，可以实时检测水质、年径流量等，准确对城市雨水进行记录掌握，对于研究海绵城市建设成效也提供了数据支撑。

3）实施成效

项目建成后，通过相关数据分析，年径流总量控制率不低于 73%，径流污染削减率不低于 55%（图 8-134）。项目通过合理布置透水铺装、雨水花园等海绵设施，有效控制雨水径流污染，降低积水风险；改造前景观效果差，改造过程中将景观与海绵设施有机融合，显著提升了景观的层次感。

（12）飞凤南路快捷化新建工程

1）项目概况

项目位于新吴区，西起长江东路华友中路交叉口，东至 G312 飞凤路交叉口，南连312 国道，北接金城快速路。道路全长约 5.08km，总用地面积约 24.23 万 m^2。

2）建设理念

飞凤南路周边现状情况复杂，包含沪宁铁路、大量工厂、村庄、河道、农田等。项目充分整合现状环境资源，将道路景观与周边优势景观资源相融合，同时利用周边河道水系，充分融入海绵城市理念，根据项目用地条件、竖向条件和管网情况等，将项目划分为 28 个汇水分区，分别针对高架段、高填段、厂区段采取因地制宜的海绵城市建设方式。其中，高架段进行落水管断接，在下方设置消能过滤石笼，断接雨水通过卵石沟引入外围海绵设施；高填段全程无市政雨水管网，依靠道路竖向设计及雨水花园、植草沟、透水铺装等海绵设施实现道路径流调蓄与排放；厂区段机动车道径流由侧石开孔汇入侧分带雨水花园，超标雨水由溢流式雨水口排入市政雨水管（图 8-135~ 图 8-137）。

3）实施成效

飞凤南路对景观工程与海绵工程进行一体化设计，将海绵设施与景观充分融合，突出特色海绵节点塑造，打造一条城市生态新融合之路。项目建成后，通过相关数据分析，年径流总量控制率不低于 77%，径流污染削减率不低于 57%。

图 8-135　典型海绵设施径流组织图
（说明：高架雨水断接后汇入雨水花园，道路雨水由坡向自然汇流至雨水花园进行消纳）

图 8-136 典型海绵设施径流组织图
（说明：高架雨水经雨落管断接后，经转输卵石沟自然汇流至下凹绿地）

图 8-137 典型海绵设施径流组织图
（说明：车行道雨水自然汇流至周边绿地内的生物滞留池）

8.3 公园绿地：将海绵"藏"入景观

公园绿地本身就是城市的"海绵体"，自身的降雨径流总量和径流污染控制难度较小。无锡市在推进公园绿地海绵化建设时，重点考虑三方面，一是统筹谋划公园绿地及其周边区域竖向设计，在公园内建设调蓄塘、雨水湿地等设施，让公园绿地分担周边市政道路、地块的雨水控制任务，最大限度发挥公园绿地在降雨时的"调蓄"作用；二是在公园内部，尽可能通过竖向组织实现降雨径流控制，减少不必要的雨水花园、植草沟"小海绵"设施，避免公园绿地内"过度工程化"；三是强化海绵设施功能与景观的深度融合，规避"符号化"设计建设方式，将海绵"藏"入景观。

（1）八士市民公园

1）项目概况

项目位于锡山区锡北镇，东至锡沙路，北至中惠大道，南至长八公路，总用地面积约为 1.38 万 m²。

2）建设理念

现状场地周边围绕有大型居住区，周边居民缺少休闲娱乐运动健身的场地，本项目利用闲置地块着重打造集运动健康、休闲娱乐、生态绿色于一体的综合性公园。结合自身地理位置，科学规划景观竖向设计，统筹区域防洪排水，利用现状河塘，采用雨水花园、植草沟及透水铺装等简约、生态的海绵设施，改善公园内现状河道水质，同时净化周边公路地表径流污染。项目将海绵城市建设贯通至整个公园的设计，两者做到了恰如其分的融合，增添了区域景观色彩，实现最大的生态效益，缓解区域内涝，净化区域地表径流（图 8-138~ 图 8-142）。

3）实施成效

项目建成后，通过相关数据分析，年径流总量控制率不低于 88%，径流污染削减率不低于 75%。通过海绵城市建设实现排水体系生态化，结合雨水管网、透水铺装建设、竖向优化等，显著降低了道路雨水径流对公园内河道的冲击，缓解了区域内涝现象。通过简约、生态的海绵设施，消纳公园北侧中惠大道及锡港公路等地表径流污染，进而改

图 8-138　区域内雨水径流组织图

（说明：公园内海绵设施在解决自身排水及处理径流污染的同时，转输周边道路及区域内的超量雨水，

协调处理周边中惠大道、锡港公路等道路地表径流污染）

图 8-139　典型海绵设施径流组织图

（说明：铺装径流雨水沿横坡进入雨水花园进行消纳）

善水环境。优化公共空间，将海绵城市建设融入周围居民实际需求中，真正做到"海绵

城市"让群众乐享"海绵生活"。

（2）无锡市元象公园景观绿化工程

1）项目概况

项目位于无锡市锡山区，南临芙蓉三路，西临农新河，东临裕巷新村，总用地面积

约 0.98 万 m²。

图 8-140　典型海绵设施径流组织图
（说明：场地雨水径流利用坡向自然汇入雨水花园进行消纳）

图 8-141　典型海绵设施径流组织图
（说明：雨水径流先经透水混凝土下渗，超标径流顺坡汇入雨水花园进行消纳）

图 8-142 典型海绵设施径流组织图
（说明：公园路面径流顺坡汇入雨水花园进行消纳）

2）建设理念

项目建设前原址闲置荒芜，局部零星树木点缀，景观效果差，缺乏活动空间，不能满足附近居民休闲需求。项目结合整体景观打造，优选技术先进、经济可靠、可实现、可落地的技术措施，以环绕中央绿地的覆土式建筑为纽带，结合景观、阶梯式地形，将其打造为兼具雨水收集和休息娱乐双重功能的场所。项目采用了绿色建筑、雨水花园、下凹绿地、截水沟、透水铺装等措施，以绿色屋面为载体，将屋面以及雨落管断接后的雨水和路面径流通过路侧设置的卵石截水沟汇流至雨水花园中进行净化、渗透，超标雨水通过溢流口排入市政雨水管道中。项目采取"隐藏式"海绵布置，将海绵融于景观中，打造了高质量多功能的公共开放空间样板（图 8-143~图 8-147）。

3）实施成效

项目建成后，通过相关数据分析，年径流总量控制率不低于 80%，径流污染削减率不低于 64%，实现了径流总量控制、径流污染削减、涵养地下水等多重效益。项目通过公共空间优化、微景观展现，将海绵城市建设融入市民需求，真正让市民乐享其中。

图 8-143　海绵设施布置图

图 8-144　典型海绵设施径流组织图
（说明：屋面雨水通过雨水管排入透水铺装，雨水首先通过透水铺装下渗，
超标径流通过路侧卵石截水沟消能后排入生物滞留设施消纳）

图 8-145　典型海绵设施径流组织图
（说明：屋面雨水通过雨水管排入透水铺装，雨水首先通过透水铺装下渗，
超标径流通过路侧卵石截水沟消能后排入生物滞留设施消纳）

图 8-146　典型海绵设施径流组织图
（说明：绿色屋顶强化雨水缓释和利用，超标径流通过雨落管引入地面雨水花园等海绵设施）

图 8-147　典型海绵设施径流组织图
（说明：路面雨水径流通过植被缓冲带、石笼挡墙拦截净化后排入城市水系）

（3）新城初中南侧绿地景观改造项目

1）项目概况

项目位于无锡经济开发区，由城市主干道吴都路、南湖大道与秀水河围合而成，总用地面积约 2.25 万 m^2。

2）建设理念

项目从改善公园绿地、水体环境出发，贯彻海绵城市建设理念，统筹使用"渗、滞、蓄、净、排"等措施，坚持绿色基础设施与灰色基础设施结合，统筹兼顾功能性与经济性，综合提升公园排水防涝能力，改善水生态环境，打造高品质生态公园。场地划分为 8 个汇水分区，在竖向设计时统筹考虑雨水组织，设置雨水花园、转输草沟、

图 8-148　典型海绵设施径流组织图
（说明：道路雨水经转输草沟汇流至绿地内的雨水花园中进行控制，超标雨水通过溢流口溢流排放）

图 8-149　典型海绵设施径流组织图
（说明：雨水经透水沥青下渗，超标径流汇流至绿地内的雨水花园）

改造前　　　　　　　　　　　　　　　改造后

改造前　　　　　　　　　　　　　　　改造后

图 8-150　海绵化改造前后对比图

植被缓冲带等海绵设施，将硬质下垫面雨水径流引入海绵设施进行控制与利用，并实现功能和景观的有机融合，有效地丰富了传统景观系统的层次感（图 8-148、图 8-149）。

3）实施成效

项目建成后，通过相关数据分析，年径流总量控制率不低于 80%，径流污染削减率不低于 55%。此外，通过项目建设，显著改善了场地环境，提升了景观效果，打造出一个便民活动场所，成为片区"网红打卡地"（图 8-150）。

（4）天河公园

1）项目概况

天河公园位于梁溪区，东至规划道路，西至石澄路，南至广澄路，北至天河路，总用地面积约 3.5 万 m^2。

2）建设理念

项目旨在打造全龄段休闲运动公园，充分将景观设计与海绵理念相融合，结合场地竖向和排水形式，划为 13 个汇水分区，设置下沉绿地、雨水花园、植被缓冲带等海绵设施，既丰富了场地的景观，提升了人们生活环境品质，还为市民休闲提供了更多的活动空间。此外，项目充分融合 TOD 综合开发模式与海绵城市建设理念，采取数据与知识联合驱动、复杂系统综合集成的创新思路，突破传统暴雨期间市政管网排水方式，构建轨道交通智能海绵监测和 TOD、城市一体联动响应的自动净、蓄、排智能预警模型（图 8-151~ 图 8-153）。

图 8-151　典型海绵设施径流组织图

（说明：运动硬质场地产生的雨水径流顺坡排向四周排水调蓄一体边沟，在边沟内设置玻璃轻石处理初期雨水）

图 8-152　典型海绵设施径流组织图

图 8-153　项目鸟瞰图

3）实施成效

项目通过海绵设施的下渗、截留和调蓄等作用，减少雨水径流外排量，同时通过土壤和介质的过滤与吸附、微生物的降解以及植物根系的吸收作用去除污染物，削减面源污染，有效改善公园环境。项目建成后，通过相关数据分析，年径流总量控制率不低于 62%，径流污染削减率不低于 53%。雨水经终端雨水回用系统处理后用于绿地灌溉、道路浇洒和冲洗等，集约利用了水资源。海绵监测平台整合海绵设施、雨水管网、地下水、气温、雨量等信息，与海绵物联可视化管理平台连接，使海绵城市建设成效更加直观。

8.4 城市水系：现代版"江南水弄堂"

水系是降雨的天然调蓄空间，也是无锡作为平原河网地区城市海绵城市建设最核心的载体和骨架，更是城市可持续发展的重要基础。在水系的海绵化建设中，无锡市强化系统治理、分类施策，针对老城区两岸建设条件局促、现状为矩形硬质断面的水系，以片区为单位强化入河污染控制，并结合河道自身，因地制宜增加曝气、生物浮床等设施，见缝插针提高河道生态功能；针对新城区的水系，统筹滨水公共空间建设，全面落实生态岸线建设理念，统筹完善和提升水系景观、生态、排涝、防洪功能，打造高品质"美丽幸福河湖"。

（1）清水河（蠡湖大道—小溪港西侧）综合整治工程

1）项目概况

清水河（蠡湖大道—小溪港西侧）位于经济开发区，西起蠡湖大道，东至小溪港西侧，河道长度约 6500m，两侧为贡湖湾湿地公园，绿化面积约为 10 万 m² （图 8-154）。

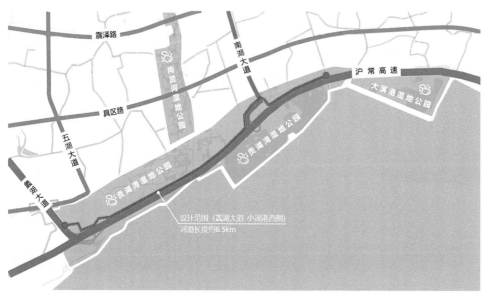

图 8-154 项目区位图

2）问题与需求

防洪排涝功能不达标。清水河是经济开发区"三横"骨干河道之一，具有行洪、排涝、供水等多种功能。由于多年未进行清淤，淤积现象十分严重，河床淤泥深度普遍在0.8~1.5m。河道淤积相应抬高了河床，减少了过水行洪断面，使得河道行排调蓄能力受到削弱。部分区域河道不连通，造成区域水系沟通不畅、水力联系受阻，汛期经常出现内涝现象，不能满足原规划的 200 年一遇防洪标准（图 8-155）。局段河道为原始驳岸，存在河岸侵蚀和土壤流失问题；一些已经存在的挡墙高度不匹配、结构薄弱，无法有效地控制水流和承受外部压力，同时也缺乏定期的维护和修复，导致其功能受损，无法起到应有的效果。

图 8-155　改造前河道实景照片（河道淤塞）

水环境恶化、生态功能脆弱。项目场地外高程基本高于场地内，降雨时起承接周边道路路面雨水径流的作用。路面雨水径流未经处理直接排入场地内，对清水河造成面源污染。场地内部分区域为农村拆迁宅基地，建筑垃圾较多，总体环境较差，下雨时水土流失严重，进入河道影响河道水质（图 8-156）。渔船和渔业活动也对水环境产生一定程度的外源污染，渔船使用的燃料和润滑油等物质泄漏到水体中，不仅污染水质，还会危及河流生物和沿岸生态系统。

图 8-156　改造前河道实景照片（水质较差、建筑垃圾堆积）

沿线景观空间杂乱。项目临近风景优美的贡湖湾湿地，但部分区域却黄土裸露、荒草覆盖，缺失湿地内最基本的景观、休闲等绿地功能，无法与贡湖湾湿地的休闲游览系统有机融合（图8-157）。

图8-157　改造前河道实景照片（土壤裸露严重）

针对以上问题，项目从水安全提升、水环境改善、水生态修复、滨水空间打造、源头海绵设计及科普宣贯等方面出发，运用低影响开发理念，将清水河（蠡湖大道－小溪港西侧）打造成一条"水优、水活、水清、水美"的河道，营造太湖生态缓冲屏障。

3）建设目标

从支撑太湖新城城市建设发展、城市防洪排涝安全、城市生态环境改善的角度出发，全面落实海绵城市建设理念，对清水河（蠡湖大道—小溪港西侧）河道疏浚清淤，对两岸岸坡景观进行改造，促使该区段防洪排涝体系的不断完善，以改善水质及周边环境，促进水生态系统良性循环。项目防洪标准为200年一遇，排涝标准为20年一遇，水质目标为Ⅳ类。

此外，依据《无锡市海绵城市专项规划（2016－2030）》和无锡市区低影响开发管控要求，清水河（蠡湖大道—小溪港西侧）综合整治工程项目的年径流总量控制率为80%，对应控制降雨27.2mm，面源污染削减率为60%。

4）建设方案

●技术路线

在分析区域水文气象、地形地势和相关规划的基础上，识别水系统问题，结合功能定位、水体现状、岸线利用现状及滨水区现状等，进行合理保护、利用和改造，确定项目海绵城市建设目标为建设源头海绵、保障水安全、提升水环境、构建生物多样性等。综合采用植被缓冲带、下沉绿地、雨水花园、湿生植物过滤带阶梯净化模式及前置塘等技术措施，构建水安全、水环境、水资源、水生态保障体系，既满足水系防洪排涝功能，又改善岸线环境，促进生物多样性（图8-158）。

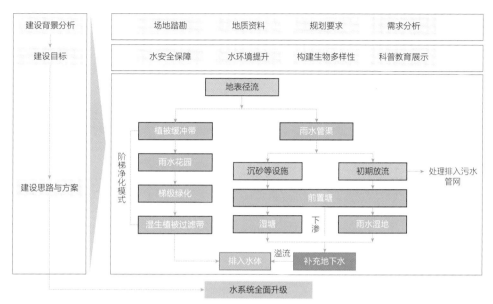

图 8-158　技术路线图

●贯通水系、保障水安全

根据水系规划，开挖、清淤、联通河道，使区域水系沟通顺畅。并结合岸线治理对局部段落进行拓宽，提升防洪排涝能力，实现 50 年一遇排涝标准。

●建设生态岸线，改善河道生态功能

在实现区域水系连通、提升换水效果的基础上，进一步开展水环境治理和生态修复工作，对河岸生态环境进行综合整治。其一，建设生态木桩驳岸，使之兼具观赏性和生态效果，在保护河道的同时发挥生态防护作用，防止水土流失、改善河水生态环境。在部分河道与现状桥衔接处采用生态砌块护岸，构建自然水景观。岸线蜿蜒曲折有助于降低河水流速，设置生态岛有利于能量交换，发育河道生态功能，提升河岸景观效果。其二，在河道内及岸线周边种植水生植物，恢复岸线和水体的自然净化功能。临近水岸采用湿塘、植被缓冲带等技术方法，利用土壤—微生物—植物生态系统有效去除水体中的有机物、氮、磷等污染物；截至目前，河道水质保持在Ⅲ类标准（图 8-159）。

●沿岸强化径流污染控制

河道护岸采用亲水型生态护岸，护岸采用波浪桩、木桩延岸线布置，后方与填土间填筑级配碎石，下雨时起滞蓄作用。雨水花园、透水铺装等海绵设施起径流控制、面源污染削减等作用（图 8-160）。

●打造观景休闲的滨水空间

结合周边道路交通，本项目设置完善的一二级园路交通，串联彩虹景观桥，亲水平

197

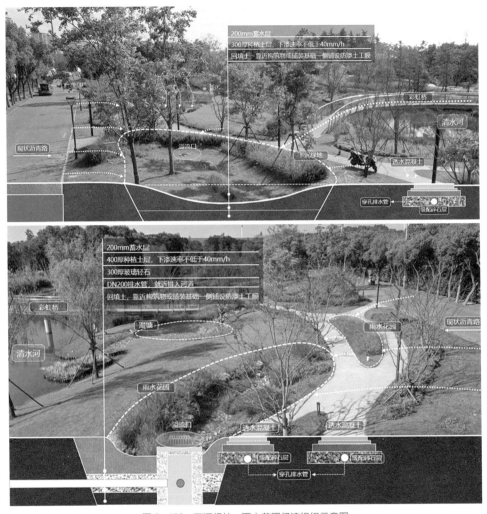

图 8-159　下沉绿地、雨水花园径流组织示意图

图 8-160　植被缓冲带径流组织示意图

图 8-161　海绵城市技术设施布局图

台、旱溪、樱花林、水杉林等景观点，重点打造"花溪林"特色，满足人们休闲、观景需求。在重点示范区组织了海绵设施的科普动线，形成一个既可休闲行走、又可观赏学习的海绵示范绿地及海绵植物花园，普及先进的生态文化理念，从而实现全社会的可持续发展（图 8-161）。

●模型模拟

根据项目设计范围内降雨 – 径流特性，构建了基于 SWMM 的降雨径流模型，评估雨水径流总量控制率、径流峰值削减效果。模型模拟结果显示，项目海绵城市建设相关设施在削减径流总量、延缓径流峰值方面效果显著（图 8-162）。

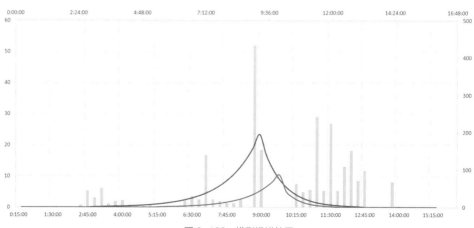

图 8-162　模型模拟结果

5）实施效果

清水河（蠡湖大道—小溪港西侧）综合整治工程项目实施后，清水河河道得以贯通，成为"畅流活水"，河流生态系统得以健全，水质稳定在Ⅲ类水及以上，河湖水环境显著提升。可以通过预警监测，及时掌握水质变化情况。同时加强调水引流，持续治理改善，多措并举确保小溪港水质稳定达标。2023年1—7月，国考小溪港断面水质达到Ⅱ类。

项目通过协调设计总体平面和竖向标高设计，可分担周边市政道路雨水控制任务。在降雨量较大情况下，市政道路表面径流可快速排入就近的雨水花园、下沉绿地等海绵设施，以避免道路积水现象。项目内部铺装、道路上的雨水优先进入生物滞留池、雨水花园等设施，超出设计雨水量的径流雨水，通过溢流口或植草沟等以溢流形式，有组织地利用管网在场地的外排点排放至河道，减轻了河道雨天负荷，提高了区域内涝防范能力（图8-163）。

图8-163　改造后实景照片

项目实施效果良好，沿着滨水公园的蓝色漫步道穿行其中，四周芳草茵茵、树木青翠，河道内碧波荡漾、鱼虾成群，清水河一跃成为无锡市新晋"网红打卡地"。自完工后得到了多位领导、海绵专家及当地市民的广泛好评与认可，入围《中国建设报》"中国海绵城市十年成就展"典型案例，并入选无锡市 2023 年度"群众最喜爱的十大海绵项目"。

（2）梁溪河滨水景观带项目

1）项目概况

梁溪河西起蠡湖，东接京杭运河，是"江南水乡"标志性河流，更是无锡连接中心城区、京杭运河、太湖的母亲河。

梁溪河滨水景观带改造工程为景观绿化提升类项目，是无锡市美丽河湖建设一号工程。景观带全长 6.5km，西起环湖路，东至运河西路，南北至小区围墙，项目红线内面积约 120 万 m²，不含主河道水面和支浜口水面的用地面积约为 81.5 万 m²（图 8-164）。

图 8-164　项目区位图

项目红线范围虽不包含河道水系整治工程，但梁溪河及其支浜的涉水问题对景观综合效果影响较大。因此，项目设计初期在全面分析城市水系演变的基础上，着眼于小流域区域分析，将研究范围拓展至惠山脚下，约 11km²。通过梳理梁溪河流域"山－城－河－湖"生态城市肌理，系统研判红线内外问题，提出七大策略（清泉入河—构建海绵骨干网络—内涝防治—末端控污—支浜治理—河口湿地—水生态构建），厘清相关责任部门（图 8-165、图 8-166）。

红线外问题。支浜河道历史水质状况较好，但水体透明度不高，部分河段存在藻类生长迹象。支浜河道下游与梁溪河交汇处采用土石围堰封堵，会加重支浜河道污染物累积，水中污染物迟迟不能消散。梁溪河共有 61 个雨水管排口，排口管径 D300~D1000mm 不等，雨天存在溢流污染入河现象。梁溪河北岸历史积水点 9 处，较严重区域有 4 处，临近河岸的低洼地块有 5 处。现状城区内缺乏系统性的生态排水体系，遭遇强降雨地块街区不具备延时削峰能力（图 8-167）。

红线内问题。梁溪河两岸硬质铺装较多，雨水径流无法通过自然渗透快速下渗，难以维持良性的水文循环（图 8-168）。沿岸绿地普遍堆坡隆起，植被郁闭度较高，不仅

洋溪河
山
林
山
湖
水
太湖
林
蠡湖
城
梁溪河
城
滨湖区政府
梁塘河

图 8-165　项目位置及研究范围

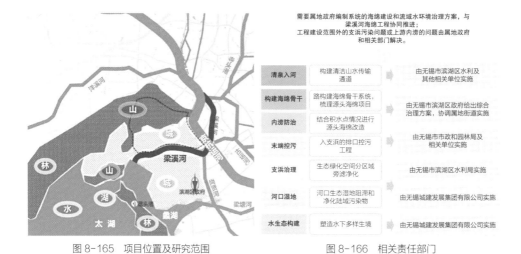

需要属地政府编制系统的海绵建设和流域水环境治理方案，与
梁溪河海绵工程协同推进；
工程建设范围外的支浜污染问题或上游内涝的问题由属地政府
和相关部门解决。
清泉入河
构建清洁山水传输通道
由无锡市滨湖区水利及其他相关单位实施
构建海绵骨干
路构建海绵骨干系统，梳理源头海绵项目
由无锡市滨湖区政府给出综合治理方案，协调属地街道实施
内涝防治
结合积水点情况进行源头海绵改造
末端控污
入支浜的排口控污工程
由无锡市市政和园林局及相关单位实施
支浜治理
生态绿化空间分区域旁滤净化
由无锡市滨湖区水利局实施
河口湿地
河口生态湿地阻滞和净化陆域污染物
由无锡城建发展集团有限公司实施
水生态构建
塑造水下多样生境
由无锡城建发展集团有限公司实施

图 8-166　相关责任部门

刘巷浜
生态系统受损
梁溪河中部
流动性差，蓝藻水华严重
梁溪河东部
水生植物少
荣巷西浜
底部曝气，生态系统受损
钱巷浜
喷泉曝气+浮床
华巷浜
曝气+浮床

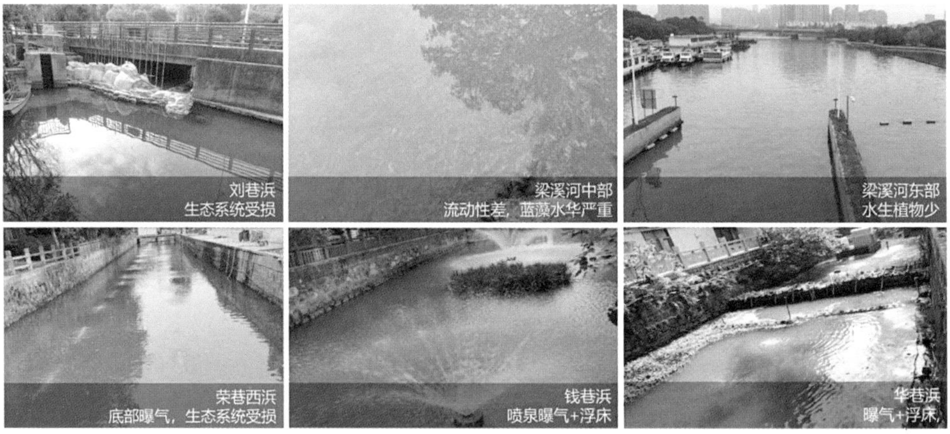

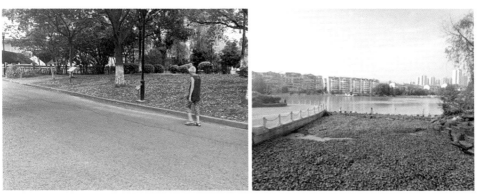

图 8-167　梁溪河及其周边支浜水体实景照片（红线外）

影响景观带景观效果，还阻碍了铺装径流自然排放。部分支浜水系整体透明度不高，漂浮物较多，影响梁溪河整体景观效果。

图 8-168　梁溪河硬质铺装、绿化及支浜实景照片（红线内）

2）建设方案

●设计目标

年径流总量控制率目标为 80%，面源污染削减率达到 60% 以上，雨水管渠设计标准为 3 年一遇，内涝防治设计重现期为 50 年一遇。

统筹考虑瑜憬湾、天亿大厦等地块雨水径流末端控制，对有雨水排口的内水系进行循环净化，使水质达到景观用水水质要求，提升景观带沿岸水环境。

●设计原则

遵循"生态优先、安全为重、因地制宜、创新示范"四大基本原则，以问题和目标为导向，实现景观与海绵设计互融共生，重塑母亲河良性水文循环，打造海绵示范创新理念下的未来诗意栖居水岸新典范。

●技术路线

在分析区域水文气象、地形地势和相关规划的基础上（图 8-169，表 8-4），识别水系统问题，结合目标导向，确定项目海绵城市建设的具体目标。统筹源头海绵、生态低碳排水、水质净化、生境构建和雨水回用等系统工程，综合采用生物滞留设施、WTS人工强化滤池、河口湿地、雨水回用模块等技术措施，构建水安全、水环境、水资源、水生态保障体系（图 8-170）。同时，基于运维需求，对一河两岸海绵城市建设效果进行监测和评估，确保海绵城市建设理念落到实处。

图 8-169　下垫面分析图

表 8-4　下垫面分析表

序号	下垫面种类	面积（m²）	面积占比	雨量径流系数
1	不透水下垫面	144764	24.12%	0.90
2	绿地	455542	75.88%	0.15
3	合计	600306	100%	0.32

●总体方案

项目划分为"环湖路—景宜路段""景宜路—鸿桥路段""鸿桥路—蠡溪路段""蠡溪路—青祁路段""青祁路—湖滨路段""湖滨路—运河西路段"六大海绵建设区域，结

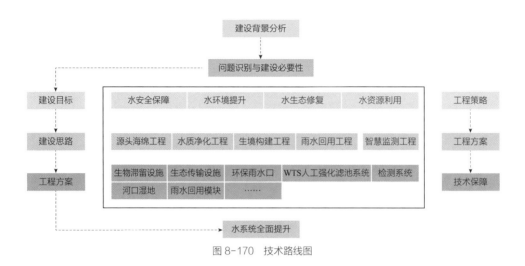

图 8-170　技术路线图

合下垫面构成、道路横纵坡、硬质场地坡向等要素深化出 170 个汇水分区。各汇水分区
因地制宜地采取技术措施，引导降雨径流自然汇流至生态设施，实现雨水的源头下渗、
净化、滞蓄和缓排（图 8-171）。

图 8-171　海绵设施径流组织示意图

●设施选择

基于各汇水分区特征，合理布局雨水花园、转输型草沟、预拌透水混凝土、WTS
高效湿地等海绵设施。综合道设置单坡坡向河道，路面径流顺道路坡向进入设置于低点
的雨水花园。综合考虑功能要素与景观要求，海绵设施中还优选鸢尾、旱伞草等本土
植物，构建实用美观的海绵系统，打造融合于景观的海绵建设示范（图 8-172）。

图 8-172　雨水花园实景图

为提升近岸支浜水域和内部景观水体的水质透明度，项目利用寡营养菌载菌填料、WTS 湿地等设施，优化公园绿地与浅滩水体的植物配置，恢复河道及沿线区域的生物多样性，改善水岸环境（图 8-173）。

图 8-173　人工湿地实景图

此外，项目结合儿童友好公园建设设有海绵科普彩绘、科普型雨水花园、雨水资源回用科普等互动设施，寓教于乐（图 8-174）。

图 8-174　海绵科普教育互动设施实景图

3）建设效果

●建设成效

项目将儿童友好、绿色低碳、生态生境等理念与海绵城市深度结合，精心打造出城市更新"生态范本"，不仅提升了城市整体形象，还为本地居民提供了良好的休憩活动空间。河岸两侧随处可见海绵科普展示设施，不起眼的雨水井盖上也画上了"城市印象"涂鸦画。沿河驿站采用木结构建设绿色建筑，健康驿站结合"零碳"理念，运用光伏板和雨水收集回用设计实现绿色节能（图8-175）。

图8-175 改造后景观实景照片

●模型评估

项目在量化计算的基础上，利用PCSWMM模型复核设计目标。模拟结果显示，设计降雨(27.2mm)条件下，场地雨水均得到有效控制，满足指标要求。同时，水质监测结果显示，实施后梁溪河景观带内水系的水质得到了有效提升（表8-5、表8-6、图8-176）。

表8-5 模型模拟结果

设计标准（年径流总量控制率80%）	设计降雨量（mm）	产流量（m³）	出流量（m³）	雨水径流控制率
改造前	27.2	17062.3	10783.4	63.2%
改造后	27.2	17062.3	0	100%

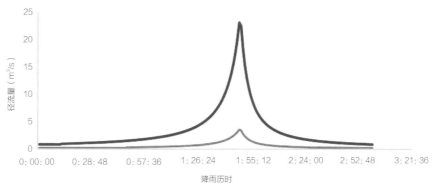

图 8-176　模型模拟结果

表 8-6　梁溪河栖霞苑提升后水质监测结果

监测点编码	2023090501	监测点名称	梁溪河栖霞苑内水系
在线状态	在线	设备状态	正常
采集时间	2023-09-05 18:03:00	悬浮物 (SS)	7mg/L
溶解氧	6mg/L	pH	7.2

●各方面反响

工程建成后社会反响良好。周边蠡园的居民贾大爷带着孙子在这里饭后散步，赞道："改造后，晚上人都多得不得了"。

项目建设受到业内的广泛关注，住房和城乡建设部、省内外及无锡市等各级相关部门共计 30 余批次专家领导赴现场参观指导，并对建设成果给予了高度评价（图 8-177）。

图 8-177　改造后的实景照片

项目还得到无锡日报、新华网、央视《天下财经》栏目等十余家媒体报道宣传，被评选为无锡市系统化全域推进海绵城市建设示范项目、江苏省首批"乐享园林"示范工程和无锡市第三届"民心工程奖"银奖，同时，作为工程应用案例支撑了《无锡市大运河梁溪河滨水公共空间条例》的实施与无锡市第二批国家"儿童友好城市"的申报。

2023 年 8 月下旬，无锡市海绵办发起"群众最喜爱的十大海绵项目"评选，广大市民朋友积极参与、踊跃投票，3 万余人次对自己喜爱的项目进行了无记名投票。根据投票结果，并经专家现场复核，该项目获评"群众最喜爱的十大海绵项目"。

（3）太湖国家旅游度假区污水处理中心尾水净化建设项目

1）项目概况

项目位于无锡市滨湖区，北至峰影河，南到环堤河，西邻太湖，东接连峰路，总用地面积 5.46 万 m^2。

2）建设理念

项目处理能力为 1.33 万 m^3/d，出水达到太湖地方标准 A 类，实现城市生活污水的高标准处理、高标准排放。厂区采用低影响开发设计理念，共划分为 5 个排水分区，建设下沉式绿地、转输沟、雨水花园、透水铺装等设施（图 8-178~ 图 8-181），利用车行路面到水体间的自然高差，形成有蓄、排、渗功能的多级台地和下沉场地，对雨水径流进行消纳，同时设置人工湿地作为末端处理设施，架空的格栅平台既能过滤，又能休憩观赏的石笼墙等，在景观细节中融入了海绵城市理念，强化科普展示效果，增加人的参与性和互动性。

图 8-178　海绵设施布置图

图 8-179　典型海绵设施径流组织图
（说明：雨水径流经石笼过滤后汇流进入雨水花园，超标雨水通过调蓄池收集利用）

图 8-180　典型海绵设施径流组织图
（说明：路面雨水利用高差汇入生物滞留池，池内种植一些吸附能力较强的植物，沉淀和去除径流雨水的
颗粒物质和营养盐等，超标雨水由溢流口排入市政管道）

3）实施成效

项目采用生物滞留池、雨水花园、透水路面、人工湿地等海绵措施，下雨时吸水、蓄水、渗水、净水，既避免了路面积水，又有效地收集了雨水，雨水经处理后补给景观用水、道路浇洒和涵养地下水等。项目出水达到再生水利用标准，污水处理厂尾水全部用于生态补水，实现了较好的水资源重复利用的效果。

图 8-181　典型海绵设施径流组织图
（说明：帕米孔透水路面具有高孔隙、高透水的效果，能使雨水迅速渗入地下，补充地下水，保持土壤湿度）

（4）锡山区龙亭污水处理厂扩容项目

1）项目概况

项目位于无锡市锡山区东亭街道，南临二泉东路，东至团结东路，北接新兴塘河，西靠京沪高速，总用地总面积约 6.3 万 m²。

2）建设理念

项目处理能力为 1.7 万 m³/d，出水达到太湖地方标准 A 类，实现城市生活污水的高标准处理、高标准排放。厂区建设基于海绵城市建设要求，划分为 25 个汇水分区，将竖向设计与雨水控制有效结合，综合采取屋面雨落管断接、线型排水明沟、植草沟、生物滞留池、雨水花园等措施，实现场地内雨水组织与控制，并建设了人工曲岸及岛屿形式的雨水湿地、渗透塘、湿塘等净化设施，雨水径流经过深度净化后排入城市水系，有效控制厂区内径流污染（图 8-182 - 图 8-185）。

3）实施成效

项目通过海绵城市建设，依靠人工曲岸及湿地净化雨水等措施，实现面源污染的源头控制。项目出水水质达到再生水利用标准，污水处理厂尾水全部用于生态补水，实现了较好的水资源重复利用的效果。

（5）马夹浜河道综合治理项目

1）项目概况

项目位于梁溪区，西起通扬南路，北至南长街，北临古运五爱苑 C 区，南临港务路，包含马夹浜河道综合治理和港务路海绵城市建设两部分内容，港务路长 418m，马夹浜长 374m，总用地面积约 1.46 万 m²。

图 8-182　海绵设施布置图

图 8-183　典型海绵设施径流组织图
（说明：雨水经透水铺装下渗后，超标径流顺坡排入湿地内进行净化）

2）建设理念

马夹浜周边以居住小区和学校为主，整治前水质为劣 V 类—V 类，透明度差，易出现蓝藻。河道周边地块、道路地面径流污染直接入河，加上河道水动力不足，河道水质逐年恶化。项目在海绵城市建设中，以改善水环境为核心，强化雨水径流污染控制。结合港务路和河道南岸的竖向情况共划分 7 个汇水区，分别利用港务路两侧绿地，在各汇水区内布设雨水花园等海绵设施，通过路牙开口和人行道暗涵导流路面雨水至海绵设施，控制径流污染后再入河。在河道南岸绿地中设两处循环水泵和两处垂直流湿地（WTS 设施，去除大部分的溶解性污染物），对河水进行水力循环和生态净化，整体改

图 8-184 典型海绵设施径流组织图
（说明：路面雨水径流通过侧石开口汇流至下凹绿地内，收满后溢流排放）

图 8-185 典型海绵设施径流组织图
（说明：雨水通过透水铺装下渗，超标径流通过侧石开口汇流至下凹绿地、雨水花园内，收满后溢流排放）

善马夹浜河水环境质量。项目将道路、绿地、河道协同设计，统筹实施，综合治理，将海绵城市理念、水质过滤与生态景观建设相融合，体现从源头削减、系统治理的海绵城市建设系统性思路，充分利用了路外和河道绿地空间，达到径流控制、污染削减、环境治理、生态修复等功效，实现滨河海绵绿地与景观空间营造的有效叠加，塑造集防洪、生态、景观于一体的魅力蓝道，对无锡市海绵城市建设连片效应和河道综合治理具有重要示范意义（图 8-186~ 图 8-188）。

图 8-186　海绵设施布置图

图 8-187　典型海绵设施径流组织图
（说明：道路雨水通过路牙开口和人行道暗涵进入雨水花园，超标雨水溢流排放入河）

图 8-188　典型海绵设施径流组织图

（说明：河水经垂直流湿地净化和循环，提升水体透明度和水动力）

3）实施成效

通过河道生态治理，马夹浜河道水环境得到显著改善，水动力条件得到明显提升，水质由原来的劣Ⅴ类—Ⅴ类水质逐步提升为Ⅲ—Ⅳ类水体质量，部分时段可达到Ⅱ类标准，透明度高。因地制宜布设的雨水花园等海绵设施，有效控制路面径流，削减雨水面源污染，大幅度减轻管网排水压力，减少路面积水。南岸绿地将水质生态净化的生态湿地系统和海绵系统融入绿地景观设计，既实现了生态净化和调蓄功能，也提升了景观效果，为居民亲水、近水提供了游憩空间，为城市增添更多生气与活力，显著提高居民的生活质量（图 8-189）。

改造前

改造后

图 8-189　改造前后对比图

改造前   改造后

改造前   改造后

改造前   改造后

图 8-189　改造前后对比图（续）

（6）梁塘河水质提升项目

1）项目概况

项目位于无锡经济开发区北部，东起京杭大运河，西至五里湖，总面积约 2.5 万 m^2。

2）建设理念

梁塘河岸线长，支浜多，存在污染源多、汇水区域大、水体流动性差、易受京杭运河船舶行靠及高藻水倒灌影响等问题，导致梁塘河出现水质恶化、水体浑浊、蓝藻泛滥、生态退化等现象。项目在海绵城市建设时，通过合理布设类生物滞留池的微生态滤床、生态沟、类生态缓冲带的阶梯湿地，打造支浜旁路净化系统形成的类雨水湿地等净化型海绵设施，一方面在雨期对局部进入梁塘河的雨水径流进行拦截净化，另一方面在非雨期将梁塘河水体引入设施内进行净化后回流至梁塘河，达到提升梁塘河水体水质的目标。该项目拓展了海绵理念在河道治理中的应用，不仅实现了水质提升、海绵功能、绿化景观、亲水性等功能的有机融合，还丰富了传统水体治理工程的景观性和亲水性（图8-190~图8-193）。

图8-190 海绵设施布置图

图8-191 典型海绵设施径流组织图
（说明：周边雨水径流顺坡汇流入生态沟，净化后经管道进入类生物滞留池）

图 8-192　典型海绵设施径流组织图
（说明：周边雨水径流顺坡汇流入生态沟，初步净化后排入类生物滞留池）

图 8-193　典型海绵设施径流组织图
（说明：周边雨水径流经类生态缓冲带净化后排入水体）

3）实施成效

　　项目实施后，一方面，对降雨时进入梁塘河雨水径流进行拦截净化，削减了进入梁塘河的面源污染负荷，缓解了对梁塘河水生态系统的冲击，提升了梁塘河水质；另一方面，利用非雨期海绵设施的净化、过滤，将梁塘河水体引入设施内进行净化后回流至梁塘河，进而提升梁塘河水体水质，改善和保持水环境，使水体水质稳定实现地表Ⅲ类水标准。

（7）新吴区荡东片水生态修复项目

1）项目概况

项目位于新吴区鸿山街道荡东片，北起伯渎港，南至望虞河，东依漕湖，西临坊桥港，涉及生态修复河道 8 条，包括伯渎港承泽坎段、火车浜、朱塘河、杨家里河、小坝头河、杨更上浜、板房上河及刘子头浜等，水域面积共计 18.9 万 m^2。

2）建设理念

项目立足于荡东片区河网水环境改善，针对片区内农业面源、居民区生活污染源等主要污染源，以河道水质改善、断面水质达标为核心，兼顾生态系统服务提升等需求，以污染削减、水生态修复和环境设计为主要工程手段，按照"协调推进、综合治理、确保达标"的原则，统筹推进污染控制、生态修复、长效管理工作，通过生态清淤、地形塑造、基底改良、生态岛屿恢复、透明度提升工程、水生动物群落构建、水下森林群落构建、水陆交错带构建、转输植草沟构建等措施，提升区域水环境质量，最终实现河畅、水清、岸绿、景美，打造安全、清洁、健康的城市水环境（图8-194~图8-197）。

3）实施成效

项目建成后，不仅有效提升了片区水系的生态功能和景观效果，还实现了河道水质长期稳定在地表Ⅲ类水标准的目标，探索形成了水体水环境提升的典型路径，具有较好的示范效果。

图8-194　项目平面鸟瞰图

（8）具区路车辆段周边水系整治工程

1）项目概况

具区路车辆段周边水系整治工程河道景观绿化项目，位于无锡市经济开发区具区路与干城路、南湖大道与尚贤路之间，总面积约 3.96 万 m²。其中，新开六房上浜西起尚贤东路，东至南湖大道，总长约 1.22km，河道两侧绿化宽约 15m；青石桥河总长 150m，沿贡湖大道北至具区路，河道两侧绿化宽约 10m。

2）建设理念

项目以打造"滨水海绵绿地，慢享幸福生活"的滨水绿带为目标，融合海绵城市理念，建设生态、健康、优美的滨水绿地，为周边居民打造一处休闲、健身、寓教于乐的休闲场所和活动空间。项目采用了雨水花园、植草沟、铺装材料、石笼墙等海绵设施，一部分雨水通过生态陶瓷透水砖下渗，减少路面积水；部分地表径流经植草沟持留、植物过滤和渗透，对悬浮颗粒物污染物和部分溶解态污染物进行控制；部分雨水径流通过路面横坡收水接至雨水花园，过滤后排向河道，有效控制入河径流污染。项目设置标识系统，将海绵城市、城市绿化景观、健身步道、观景平台、桥下活动空间、科普游乐设施有机结合，起到了较好的科普宣传作用（图 8-198~ 图 8-201）。

图 8-195　项目实景图
（说明：在河段水岸线边缘种植美人蕉、鸢尾等挺水植物，构建水陆交错带，截留地表径流污染，同时提升景观效果）

图 8-196　项目实景图
（说明：综合实施生态清淤、基底改良、透明度提升工程、水生动物群落构建、水下森林群落构建等，削减内源污染，保证水系水质）

图 8-197　项目实景图
（说明：原位净化生物墙通过钢管桩和不锈钢网片搭建凹字形或一字形框架，采用两种不同粒径的填料以内外的方式平均填充，上面种植挺水植物鸢尾，提升景观效果的同时净化水质）

3）实施成效

项目因地制宜设置海绵设施，使雨水经透水园路渗透、植草沟滞留、调蓄池植物过滤和渗透后汇入河道，一方面净化了水质，避免了雨水直接冲刷泥土，降低了入河污染；另一方面部分雨水渗入地下，补充了地下水，保证了植物的生长需要，同时还美化了环境，营造了绿地局部的小气候，缓解了绿地周边的热岛效应。

图 8-198　海绵设施分布图

图 8-199　典型海绵设施径流组织图

（说明：径流雨水经透水铺装渗透，超标降雨经雨水花园渗、蓄、净后汇入河道）

图 8-200　典型海绵设施径流组织图
（说明：径流雨水进入植被缓冲带，经生物滞留设施渗、蓄、净后汇入河道）

图 8-201　典型海绵设施径流组织图
（说明：径流雨水经过石笼墙渗漏，汇入雨水花园等海绵设施，部分溢流雨水经植被缓冲带净化后汇入河道）

CHAPTER 9

第9章

建设成效

防洪排涝韧性显著提升
河湖水质连创最好水平
城市水系统日趋完善

截至 2023 年年底，无锡市累计实施海绵城市建设项目 1123 个，建成区达标面积约 152km^2，占建成区总面积约 42%。

一是海绵城市综合效益日趋显现。通过海绵城市建设，无锡市排水防涝韧性显著提升，城市生态环境大幅优化。目前，无锡市内涝防治标准基本实现 50 年一遇，内涝积水区段消除比例达 100%，在 2023 年汛期遭遇 251.2mm 特大强降雨时，城市运转基本正常，未发生严重内涝灾害和人员伤亡。全市雨水资源化利用量达 1021 万吨 / 年，可透水地面面积比例达 43.3%，水面率达到 28.2%，2021 年度、2022 年度，连续两年在三部委组织的年度绩效评价中获评"A 档"。

二是项目质量稳中向好。通过建立"周巡查、月例会、季通报、年考评"常态化工作监管制度，定期开展现场巡查工作，下发巡查意见表并落实"问题销号制"，推动海绵城市建设"景观"与"功能"的深度融合，实现项目质量稳步提升。示范城市建设以来，先后有清水河等项目入围中国建设报海绵城市典型案例，禾嘉苑、太湖广场 8 个项目获评江苏省优秀海绵项目，城市家具小镇、飞凤路等 18 个项目获评市优秀海绵项目，元象公园、梁溪河等项目获评"市民最喜爱的十大海绵项目"。

三是典型片区成效初显。打造锡东新城高铁商务区、洗砚湖生态科技城等六大示范片区，统筹城市更新、美丽宜居、美丽河湖、城市生命线工程试点等工作，形成了排涝能力全面达标、水环境全面改善、具有较好引领效应的海绵示范区。

9.1　防洪排涝韧性显著提升

（1）城市防洪能力

在海绵示范城市建设中，一方面，进一步推进江港堤防达标建设，巩固提升长江堤防、环湖大堤、运河堤防，建立完善"北排长江、东排望虞河、内排运河、南排太湖"的防洪空间格局；另一方面，将区域排涝通道与防洪格局充分衔接，依托防洪控制圈，进一步扩大排洪排涝出路、优化畅通主要引排通道，以拓浚骨干河道为主要工程措施，构建以京杭大运河、新沟河、望虞河等流域骨干河道为主框架，区域骨干河道相配套，"大引大排、引排有序"的主体防洪格局，实现"排得出、引得进、蓄得住、可调控"。

城市防洪层面，通过合理设置防洪包围圈，以分区防洪、分片控制方式实行防洪综合治理，优化防洪分区，完善防洪工程设施布局。合理安排圩区抽排，提高圩区防洪排涝能力。截至目前，城市建成区内各片区的防洪标准为：运东大包围区域山北圩 – 山北南圩 – 盛岸联圩 200 年一遇，太湖新城、锡东新城、惠山新城 100 年一遇，蠡湖新城、无锡新区 50~100 年一遇。

（2）城市内涝防治能力

在示范城市创建中，聚焦城市雨水管理，以提升内涝防治能力为核心，从区域排涝通道优化、圩区防洪能力提升、水塘共治与利用、雨水管网与易涝点治理、主体工程海绵化建设等角度出发，统筹发力、多措并举，有效提升城市内涝防治能力，并逐步形成了流域层面"洪涝统筹"、城市层面"蓄排平衡"、运行管理"联排联调"、涝点治理"一点一策"的内涝防治"无锡模式"。

根据软件模拟与评估，无锡市示范城市创建前，市区内涝防治能力不能满足 50 年一遇设防要求。当城市遭遇 50 年一遇 24 小时设计降雨时，内涝风险区面积达 109.63km²，占市区面积 6.7%。其中，高风险区面积为 13.64km²，中风险区淹没面积为 26.46km²，低风险区面积为 69.53km²。

示范城市创建后，市区内涝防治能力显著提升。当城市遭遇 50 年一遇 24 小时设计降雨时，全部消除了高风险区，中风险区面积由 26.46km² 降到 2.39km²，低风险区面积由 69.53km² 降到 33.37km²，且剩余的中风险区、低风险区均位于绿地内，不会影响居民生活和出行，无锡市区整体内涝防治能力大幅提升，基本满足 50 年一遇内涝防治标准。

示范期内，无锡市遭遇多次极端强降雨，均成功经受考验。其中，2022 年 9 月 13 日到 14 日，受台风"梅花"（强台风级）影响，遭遇 161.7mm 降雨；2023 年 7 月 19 日，遭遇 24 小时 251.2mm 强降雨（最大小时雨量为 83.8mm，最大 3 小时降雨量最大为 151.2mm），市区范围内均未出现严重内涝现象，局部积水点基本在 0.5 个小时以内消退（表 9–1、图 9–1、图 9–2）。

表 9–1　无锡市海绵示范城市建设前后积水风险对比表

风险等级	示范城市建设前		2023 年底		削减比例
	淹没面积（km²）	淹没面积比例（%）	淹没面积（km²）	淹没面积比例（%）	
低	69.53	4.23	33.37	2.03	52.01%
中	26.46	1.61	2.30	0.14	91.31%
高	13.64	0.83	0	0	100.00%
总计	109.63	6.67	35.67	2.17	—

图 9-1　县前西街金马国际改造前后对比图

图 9-2　锡虞西路内涝点改造前后对比

以 2023 年 7 月 19 日强降雨为例（图 9-3），根据软件模拟分析结果，在累计降雨量达到无锡市 75% 年径流总量控制率对应降雨量（22.6mm）之前，主要由源头海绵设施等微排水系统发挥减排作用，地表不产生径流，雨水基本不进入市政管网。在累计降雨量达到 22.6mm 之后，雨水管网等小排水系统开始启用，排水管网流量开始增大，河道水位开始上升，直至累计雨量超过 3 年一遇标准（90.2mm）后，小排水系统排水

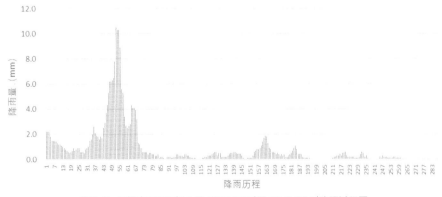

图 9-3　无锡市 2023 年 7 月 18 日 20 时至 19 日 20 时降雨过程图

能力逐渐饱和，大排水系统开始启用，河湖水位进一步上升，持续发挥调蓄排泄作用。随着降雨量超过 50 年一遇对应标准（214.8mm）后，大排水系统的内涝防治能力达到极限，无锡市的应急响应系统全面启动，如图 9-4 所示。

在"微、小、大"三大排水系统科学有效的运行下，加上相关部门充分及时的应急管理措施，无锡市成功应对了此次超过 50 年一遇降雨标准的特大暴雨，城市运行基本正常。

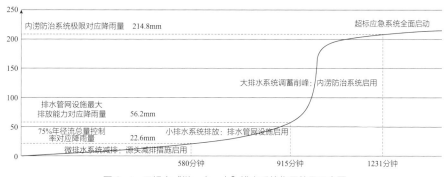

图 9-4　无锡市"微、小、大"排水系统作用效果示意图

9.2 河湖水质连创最好水平

（1）国省考断面水环境改善

在示范期内，无锡市坚持生活、工业、农业、湖体"四源"共治，持续推进城市水环境治理，取得显著成效。截至2023年底，全市71个国省考断面水质优于Ⅲ类比例达94.4%，新一轮552条环境综合整治河道水质优于Ⅲ类比例达92.8%，9条入江支流和25条主要入湖河流水质全部达到Ⅲ类及以上。

太湖无锡水域、北部湖区水质实现"双达Ⅲ"，其中总氮1.29mg/L、同比下降5.1%，总磷0.05mg/L、同比持平，水质富营养化指数为52.5，处于轻度富营养状态，水质、藻情形势为2007年以来最好。

（2）城市水系综合治理与提升

以"水是无锡的灵魂"为出发点，在海绵示范城市创建中，持续推进美丽河湖行动，高标准打造近1000条美丽示范河湖，累计整治入河排污口3610处，排查整治河湖岸线违规行为2966处，清理拆除非法围网管桩超1.1万处，整治"三无"船舶2830艘，全市河湖环境质量持续改善，"推窗见绿、开门亲水、移步进园"的目标正从纸面落为现实。

聚焦太湖、长江、大运河和蠡湖、长广溪、古运河等城市重要水体和群众集中居住区附近的重点河湖，向河湖治理进程中的沉疴痼疾"开刀下药"。京杭大运河无锡段、梁溪河"两河"整治提升作为无锡市美丽河湖行动的"一号工程"，也是市政府为民办实事项目。目前，"两河"六大示范段建设全面加快，通过高质量提升环境，统筹推进控源截污、清淤疏浚、水系连通、生态修复、水利工程调度与闸站管理，京杭大运河望亭上游、梁溪河蠡桥、鸿桥等断面水质均达到或优于Ⅲ类，马夹浜等大运河支浜以及泰康浜、小渲河等梁溪河支浜建成美丽示范河湖（图9-5~图9-7）。

经过拆违整治和生态修复的泰康浜如今游人如织。"主要水质指标已达到Ⅲ类水标准，水体透明度达到1.5m以上，水体自净能力显著增强，已经形成平衡稳定的水生态自净系统了。对水质要求极高的鳑鲏鱼也重现身影。"滨湖区水利局副局长陈宇方说。

图 9-5　治理后的太湖十八里湾

图 9-6　治理后的贡湖湾湿地风光带

图 9-7　治理后的贡湖湾湿地风光带

这里还率先投用了智能移动水质监测仪——"水精灵",让市民对河道状况、治理举措等工作有了更直观的感受。

正在旁边蠡溪西苑内舞剑的吴女士感慨:"河水变清了,异味也没了,我每天都愿意来这儿锻炼"。一旁的和团团餐厅,也因坐落在风景秀丽的河畔,每到饭点都排起长队,成为无锡本帮菜的网红餐厅。无数食客慕名而来,在小桥流水、长廊楼阁中感受美食和风情梁溪河。

美丽河湖行动中,为民办实事、不断满足人民群众对美好生活的需要这一导向得以淋漓体现(图9-8)。富安新河的故事就是其中缩影。作为胡埭镇全新打造的年度样板河道,这条新开挖的人工河南接民盛河,北连上山新河,沟通水系、畅流活水,有效提升胡埭镇水环境。该镇水利站站长钱大江介绍,这里原是荒地,来自刘塘村的多个安置住宅小区建起后,富安新河所在的地块原计划用于商业开发。在综合考虑生态环境、居民休闲等因素后,镇政府放弃商业开发,转而实施了治水工程。

富安新河河道总长约615m,总投资1300万元,目前水质常年维持在Ⅲ类及以上。有着600多年历史的明代古桥刘塘桥,也从刘塘村随原住村民"搬迁"而来。"这些石块都是从原址拆下来,一块一块按顺序编好号后,再运到这里重新进行拼接!"钱大江摸着如今横架新河的刘塘桥说,镇里专门请了市里和苏州的文保专家进行整体移动重建,让刘塘村民和刘塘桥在此重聚。

(3)城市黑臭水体治理巩固提升

2015年,无锡市启动全市水体排查,累计发现41条黑臭水体。按照上下联动、内外兼顾、灰绿结合、一河一策原则,针对41条黑臭水体的问题和成因,开展针对性治理,于2019年提前1年完成治理任务,并在全国城市黑臭水体整治监管平台台账上销号。

示范城市创建期间,无锡市建成区黑臭水体治理成效进一步巩固,长效机制进一步完善。市区41条黑臭水体整治后,水质持续提升,部分河道水质达到地表Ⅲ类水标准,河道景观面貌焕然一新,建成一批小游园和绿地,提升了周边群众的获得感。为确保黑臭水体整治成效稳定持久,无锡市将黑臭水体整治纳入"河长制"管理,按照河长制要求,进一步构建水体长效管理机制,落实养护队伍、养护经费,加强巡查、维护、保洁,构建责任明确、协调有序、监管严格、保护有力的管理机制,做到即整即管、管护到位、长效保持。同时,加大整治宣传力度,提高社会公众参与和监督

图 9-8　江溪街道美丽河湖综合提升工程项目实景

力度，营造良好的舆论氛围，充分调动群众参与整治的积极性、主动性，在全市形成政府、社会和群众共同参与、齐抓共管的良好工作局面，为黑臭水体"长治久清"提供有力保障。示范期间，根据水质监测数据，无锡市黑臭水体消除比例为 100%，未出现返黑返臭问题（图 9-9）。

图9-9　芦村河整治前后对比

9.3 城市水系统日趋完善

（1）保护提升水域自然调蓄体

作为"国家水生态文明城市""河长制的发源地"，无锡市对城市水体保护历来都很重视。近年先后出台了《无锡市河道管理条例》《无锡市湿地保护条例》《无锡市区河道控制线规划》《市政府办公室关于印发创建国家生态园林城市三年行动计划（2020—2022年）的通知》（锡政办发〔2020〕55号）、《无锡市美丽河湖三年行动（2020—2022）的实施意见》等实施制度和规划管控，对持续推进无锡水域保护和治理工作具有重要意义。

无锡市以"三调"成果应用为契机，结合全域系统化推进海绵城市示范城市工作，进一步加强了城市蓝线划定和管理工作。市自然资源和规划主管部门负责市区城市蓝线管理工作，《无锡市蓝线专项规划》基于河道保护控制线宽度以及湖荡、湿地、原水管渠的保护控制线宽度，结合水系的流域面积、影响范围、河道功能等综合考虑，对无锡市河道、湖荡、湿地、沟渠进行蓝线划定，对全市区河流进行分级保护，明确了一至六级河道的城市蓝线宽度划定标准，要求在城市蓝线规划控制区内，不得进行与水体保护无关的工程建设。在城市蓝线划定范围内不符合规划要求的已有建筑，应当采取措施有序退出。河道蓝线管理范围内的土地划定为规划保留区，严格实行新上项目报审制度，确需建设项目应当按照基本建设程序报请水利、规划等部门批准。无锡市水系蓝线控制情况如表9-2所示。

无锡市在海绵城市建设过程中，注重对市区内现有河道、湖泊湖荡（如蠡湖、鹅真荡、宛山荡、嘉菱荡、白米荡、苏舍荡、南青荡、省滩荡、崇村白荡、西白荡、古庄

表9-2 无锡市城市蓝线宽度划定标准表

河道（m） （河口线外延）	一级	二级	三级	四级	五级	六级及其他
	20	15	15	10	10	8
湖荡（堤防背水坡坡脚线外延）	太湖、五里湖、鹅真荡、宛山荡、嘉菱荡五个省管湖荡按照 《江苏省管湖泊保护规划》不小于30m；其他湖荡不小于20m					
湿地（岸线外延）	不小于30m					
原水管渠（管道外边缘线外延）	不小于5m					

白荡、北白荡、南白荡、漕湖等大型湖荡；唐平湖、西大池、东大池、镇山潭、碧湖及北阳湖等小型平原湖荡）等的保护。

以白米荡、崇村白荡、苏舍荡、宛山荡、蠡湖、镇山潭共 6 处较大的湖荡为例，通过对比 2015 年遥感影像与 2023 年遥感影像，可以看出，无锡市在城市建设过程中对于天然水域进行了有效保护，如图 9-10 所示。

同时，无锡在水系治理中，实施暗渠、断头浜、断头河的改造和修复，进一步增加水域面积，提高水体流动性。截至 2023 年底，无锡市结合项目库已实施梅梁湖（十八

白米荡（左：2015 年；右：2023 年）

崇村白荡（左：2015 年；右：2023 年）

苏舍荡（左：2015 年；右：2023 年）

图 9-10　无锡市海绵城市建设前后典型湖荡遥感数据对比图

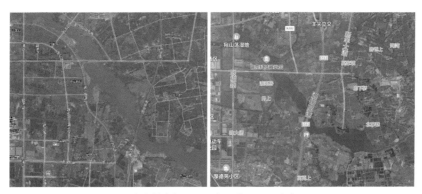

宛山荡（左：2015 年；右：2023 年）

蠡湖（左：2015 年；右：2023 年）

镇山潭（左：2015 年；右：2023 年）

图 9-10　无锡市海绵城市建设前后典型湖荡遥感数据对比图（续）

湾、盘鸟咀、康山湾、亮河湾、白旄湾、苍鹰渚、小湾里）退渔（田）还湖工程、太湖退渔（田）还湖工程、伯渎港沿线支河畅流活水工程等，通过退渔（田）还湖、区域排涝通道优化、端头河水系连通、加强现状洼地（水塘）的保护等措施，基于遥感影像分析，无锡市区较 2020 年新增水域面积 2.53km²（图 9-11）。

依据《无锡市国土空间总体规划》统计，无锡市区范围内现状水域（含太湖）及水利设施用地和湿地用地面积相加，总面积约为 462.88km²（其中无锡市区内太湖面积为

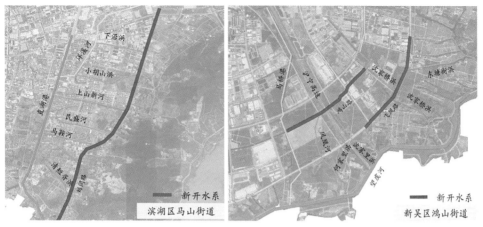

图 9-11　无锡市区新开水系方案示意图

265.1km²），市区总面积为 1643.9km²，天然水域面积占市区面积比例约为 28.16%。
详见表 9-3、图 9-12。

表 9-3　无锡市区天然水域面积统计数据情况一览表

用地类型	水域及水利设施用地				湿地
细分类型	河流水面	湖泊水面	坑塘水面	沟渠	内陆滩涂
面积（hm²）	6191.5	36132	3704.5	191.04	68.56
占市区面积比例（%）	3.77	21.98	2.25	0.12	0.04
面积总计（hm²）	46287.6				
占比总计（%）	28.16				

图 9-12　无锡市区天然水域遥感影像图（2023 年底）

（2）提升城市自然渗透能力

在示范城市创建中，无锡市多措并举，提升城市"渗透"能力，打造"会呼吸"的海绵城市。一方面，通过"增绿留白"，不断提升市区绿地等"大海绵体"比例；另一方面，通过在源头项目建设透水铺装等设施，增加源头"自然渗透"能力。

建成区范围内的公共绿地。主要包括公园、广场中的绿地、区域绿色开敞空间廊道、河道两侧绿地、骨干型道路两侧防护绿地等。经统计，无锡市建成区内各类公共绿地面积总计为 82.13km^2，如表 9-4 所示。

表 9-4　无锡市建成区内公共绿地面积统计表

类别代码	类别名称	面积（hm^2）	
		市区现状	建成区现状
G1	公园绿地	4285.3	2595.1
G2	防护绿地	2254.6	751.53
G3	广场用地	49.7	36.57
	其中：广场用地中的绿地	17.4	5.8
XG	附属绿地	9907.1	2302.37
	小计	16464.4	5654.8
EG	区域绿地	8764	2521.33
	合计	25228.4	8176.13

各类建设项目红线内的绿地。基于无锡市"控规一张图"，统计无锡市区所有居住用地、公共管理与公共服务用地、商业服务设施用地、工业用地等 9 类地块的绿地率，加权平均后取平均值，得到无锡市现状建成区内项目红线内绿地率平均值。按照无锡市国土空间总体规划的用地平衡表，得出建成区内项目红线内绿地总面积为 72.96km^2，详见表 9-5。

表 9-5　无锡市建成区内项目红线内绿地率情况一览表

类别	占地面积（km^2）	平均绿地率	绿地面积（km^2）
居住用地	92.42	29.6%	23.11
公共管理与公共服务用地	20.61	22.8%	4.70
商业服务业设施用地	27.79	20%	5.56
工业用地	71.58	17.7%	12.67

续表

类别	占地面积（km²）	平均绿地率	绿地面积（km²）
物流仓储用地	6.29	16%	1.00
道路与交通设施用地	46.16	20%	9.23
公用设施用地	3.79	20%	0.75
特殊用地	2.04	40%	0.82
空置建设用地	15.12	100%（基本为复绿）	15.12
合计	—	—	72.96

各类已完工海绵城市建设项目中的透水铺装。据统计，实施了透水铺装设施的项目主要有市委党校海绵城市品质提升设计、东南大学无锡国际校区海绵工程等 366 个项目，透水铺装面积总计 1.38km²。

根据上述统计，无锡市建成区范围内公共绿地总计 82.13km²，建设用地红线内绿地等自然地面总计 72.96km²，示范城市建设以来海绵城市源头项目中的透水铺装面积总计 1.38km²，建成区内可透水地面面积总计 156.47km²，占建成区面积比例为 43.38%（表 9-6）。

表 9-6　无锡市建成区内可透水地面面积分析表

序号	透水地面类型	面积（km²）
1	公共绿地	82.13
2	建设用地红线内绿地等自然地面	72.96
3	已完工海绵城市源头项目中的透水铺装	1.38
	合计	156.47
	建成区总面积	360.71
	可透水地面面积比率	43.38%

（3）提高雨水资源化利用水平

目前，无锡市海绵城市建设采用雨水直接利用方式，基本为通过源头的植草沟、雨水花园收集净化雨水，净化后的雨水通过穿孔管收集至雨水调蓄池，雨水调蓄池收集的雨水用于绿地浇洒或景观补水（图 9-13）。

已完工的涉及雨水资源化利用的项目主要包括羊尖花苑南区安置房、市委党校新校区等 272 个项目，累计建设雨水调蓄池 18.64 万 m³，雨水资源化利用量达到 1021 万吨 / 年。

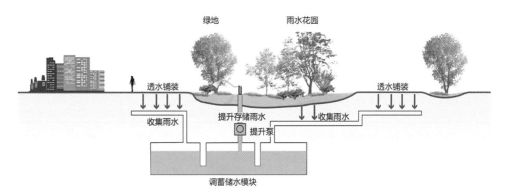

图 9-13　雨水资源化利用项目原理示意图

（4）提升再生水利用能力

目前，无锡市中心城区内污水处理厂大部分均采用三级处理，出水达到太湖地方标准，其中 TP 控制在 0.5mg/L 以下，基本已经达到或者接近再生水利用的水质标准（表 9-7）。

表 9-7　太湖地区城镇污水处理厂主要水污染物排放限值（单位 mg/L）

类别	化学需氧量	氨氮	总氮	总磷
城镇污水处理厂	50	4(6)	12（15）	0.5

注：括号外数值为水温 > 12℃时的控制指标，括号内数值为水温 ≤ 12℃时的控制指标。

据统计，无锡市区 2023 年污水再生利用总量为 14860.93 万 m³，主要用于绿化浇灌、环卫、工业企业、景观补水等，详见表 9-8。无锡市区 2023 年城市污水排放总量为 44844.20 万 m³，再生水利用率为 33.14%。

表 9-8　无锡市区再生水利用量计算表

项目	数值
城市再生水利用率	33.14%
城市污水排放总量（万 m³）	44844.20
城市污水再生利用量（万 m³）	14860.93
其中：厂内回用	330.4
绿化浇灌（万 m³）	123.7
环卫用水（万 m³）	130.35
景观环境用水（万 m³）	10578.78
企业用水（万 m³）	2772.45
其他用水（万 m³）	925.25

第10章
发展构想

形势展望
方向思考

10.1 形势展望

党中央高度重视生态文明建设，增强民生幸福，推动可持续发展已成为新时代城市发展的必由之路。海绵城市作为新一代城市雨洪管理理念，是国家生态文明战略的重要组成部分，也是适应新时代城市转型发展的新理念和新方式，更是系统解决城市水问题、推动城市建设高质量发展的重要抓手，海绵城市建设只有持之以恒、久久为功，才能真正发挥整体效益。

（1）以海绵城市建设为抓手推动城市高质量转型发展

生态文明建设是关乎中华民族永续发展的根本大计。推进海绵城市建设，是落实生态文明的重要举措，也是城市绿色转型发展的重要方式。国家"十四五"规划纲要中提出要"增强城市防洪排涝能力，建设海绵城市、韧性城市"。在未来的城市建设中，无锡仍需持续深化推进海绵城市建设，进一步补齐城市雨洪管理领域的短板，加快城市建设方式转型，推进城市高质量发展。

（2）以韧性城市建设为目标全面提升洪涝风险应对能力

2020年7月17日中共中央政治局常务委员会会议上，强调要全面提高灾害防御能力，坚持以防为主、防抗救相结合，把重大工程建设、重要基础设施补短板、城市内涝治理、加强防灾备灾体系和能力建设等纳入"十四五"规划中统筹考虑。面对全球气候变暖，热浪、干旱、暴雨和飓风等极端天气事件频率和强度不断增加的大背景，在未来的海绵城市建设中，无锡仍需提高忧患意识，聚焦城市排涝能力提升，积极落实《国务院关于加强城市基础设施建设的意见》《国务院办公厅关于加强城市内涝治理的实施意见》等，进一步提升城市排水防涝防洪能力，加快构建与无锡"太湖明珠、江南盛地"定位相适应的韧性城市。

（3）以排水系统减污降碳为重点持续改善城市水环境质量

水是无锡的灵魂，历经近20年的治水历程，无锡的污水收集处理系统已经趋于完善，但城市水生态环境形势依然不容乐观。发达国家的先进经验证明，在城市水生态环境治理的"下半场"，城市降雨径流污染控制将成为核心，这也正是海绵城市建设的重要目标。当前和未来一段时间，无锡仍需适应社会经济发展新形势和生态环境保护新要求，进一步系统谋划好水生态环境治理工作，以海绵城市建设为抓手，系统推进城市排水系统减污降碳，持续推进结构调整和绿色发展，持续改善水生态环境质量，持续加强山水林田湖草系统保护，加快推进生态环境治理体系和治理能力现代化，为全面开启社会主义现代化建设新征程奠定生态环境基础。

（4）以海绵城市建设为支撑推进"四好"建设

海绵城市建设有利于减轻热岛效应，减少碳排放，改善城市人居环境，提升城市宜居品质。在未来的海绵城市建设中，要进一步强化主体工程海绵城市理念落实，因地制宜进行项目精细化的设计、建设和管理，为城市居民提供更多、更优的"精品工程"，进一步提高城市建设标准和水平，助力好房子、好小区、好社区、好城区"四好"建设，切实提高城市生态人居环境。

10.2　方向思考

作为一座依水而生、因水而兴的江南水乡典型城市，无锡市区共有河道2117条，是全国水体密度最高的城市之一。"水网"既是无锡降雨的天然调蓄空间，也是无锡作为平原河网地区城市海绵城市建设最核心的载体和骨架，更是城市可持续发展的重要基础。"水网"建设的好坏，不仅会决定海绵城市建设的高度，更会直接影响无锡城市综合品质。

不可否认的是，无锡当前的"水网"在某种程度是残缺的、阻隔的、有界的，这体现在方方面面。近年来，在对无锡水问题持续研究和思考过程中，从根本上解决无锡水问题的角度出发，提出了"无界水网"的概念，希望无锡在海绵城市建设和城市发展过程中，能够真正做到"人与自然和谐共生"，推进由人为干预的水网迈向"无界"的自然水网，并基于此，提出了无锡构建无界水网的"八步走"路径的畅想。

（1）净·无界

第一步：全面消除劣 V 类水体

"十三五"期间，无锡市提前完成了城市黑臭水体治理任务，但从水环境提升的角度，消除黑臭水体只是基础版，黑臭水体的指标是比 V 类宽松的，依然属于劣 V 类，城市水环境提升的空间依然巨大。对于无锡这样的平原河网发达城市，在一定时间内，水环境提升工作会一直在路上。

近期来看，一方面，仍需进一步巩固提升城市黑臭水体和农村黑臭水体治理成效，严格落实河湖长制，定期实施水质监督检测，强化河道巡查和管养；另一方面，有必要继续提升水环境治理目标，以全面消除劣 V 类水体为导向，系统施策，进一步实施好城镇污水处理提质增效精准攻坚"333"行动，实现污水系统减污降碳；进一步开展城市河道驳岸生态化改造，实施城市活水循环工程；进一步结合海绵城市建设和断面水质保障需要，试点开展初期雨水截留纳管和调蓄池建设，强化主体工程海绵理念落实，提升源头面源污染削减效果。通过上述措施，力争在"全面消除劣 V 类水体"上走在全国前列。

第二步：全域水质实现优Ⅲ

从长远看，对于无锡这样的平原河网城市，水环境优劣不仅决定水体景观效果，还会对防涝排涝安全、水体生态功能产生影响。

参照我国现行的《地表水环境质量标准》GB 3838—2002，水质按功能高低依次分为五类：Ⅰ类主要适用于源头水、国家自然保护区；Ⅱ类主要适用于集中式生活饮用水地表水源地一级保护区、珍稀水生生物栖息地、鱼虾类产卵场、仔稚幼鱼的索饵场等；Ⅲ类主要适用于集中式生活饮用水地表水源地二级保护区、鱼虾类越冬场、洄游通道、水产养殖区等渔业水域及游泳区；Ⅳ类主要适用于一般工业用水区及人体非直接触的娱乐用水区；Ⅴ类主要适用于农业用水区及一般景观要求水域。可以看出水质如果可以实现Ⅲ类，则基本可以达到人可亲、物可存的状态，也就是习近平总书记所说的"鱼翔浅底"。

因此，有必要将"全域水质实现优Ⅲ"作为无锡市水环境长期发展的目标。值得注意的是，当前，很多城市包括无锡统计的优Ⅲ断面主要针对的控制断面，大家印象中的无锡优Ⅲ比例突破90%其实只是国省考断面，距离"全域水质实现优Ⅲ"应该说还有很大差距。

对照"全域水质实现优Ⅲ"的目标，可以说无锡的污水收集处理系统已经趋于完善，未来发展的方向主要是"增效"和"降碳"。从发达国家的先进经验来看，在城市水生态环境治理的"下半场"，城市降雨径流污染控制将成为核心，这也正是海绵城市建设的重要目标。此外，从长效管理的角度，有两项工作是极其重要的，一是推进集海绵设施、雨水管网、污水管网于一体的排水管理进小区工作，消除小区排水设施管理"盲区"；二是针对平原河网地区雨水管道高水位运行而凸显的管道内污染物晴天"藏污纳垢"、雨天"零存整取"问题，要逐步推行雨水管道低水位运行，同时强化日常清掏管理，有效应对这部分"隐性"污染。

（2）通·无界

第一步：彻底消灭断头河

在无锡城市化快速发展历程中，部分地区的河网水系不断被填埋，导致当前城市水系"平原河网"的特征有所退化。随着支流水系被填埋或缩减，水系呈现出主干化、结构简单化趋势，断头河现象较为突出（图10-1）。通过历史水域变化分析，以及当前水网结构分析，不难看出，城市发展主要影响的是三级及以下河道，也是断头河的主因，一二级河道的网状结构基本存在。断头河的大量存在，表现的是"水网"的破损，导致的却是水体流速下降、换水周期增加、水质保障压力大。根据相关模拟计算，无锡市目前90%的河道流速是低于0.1m/s。

图 10-1　典型片区断头河分布示意图

因此，围绕当前大量存在的断头河，有必要系统地考虑如何恢复连通、重现"水网"，才是海绵城市建设中真正需要解决的重点问题之一。也只有"水网"恢复，才能真正支撑"无界"水网的构建。

具体措施比较清晰，首先是要全面识别三级以下河道的断头河，在此基础上，通过新开河道将其与之同级别或者高级别的河道进行连通，以提高河道水系的循环连通；但实际操作过程压力也会很大，如何连通、从哪里连通、新开水系的选线等问题，依然需要科学的论证，才能找到最优的路径（图 10-2）。

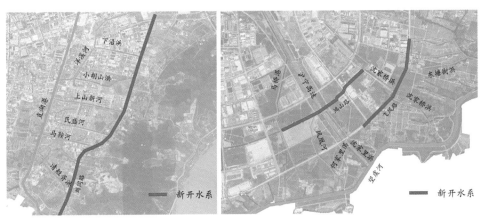

图 10-2　典型片区消除断头河方案示意图

第二步：消灭水系间阻隔

彻底消灭断头河可以实现的是平面上的"通无界"，但是真正实现平纵"二维"的"通无界"，需要正视的是当前水系间的阻隔依然较多（图 10-3）。

当然，从水安全保障的角度，圩区、河道交叉处设置的提升类的闸站是必须的，这里提到的"阻隔"更多的是指当前水系中因为水环境原因设置的分割措施，比如为了降低部

图 10-3　蠡湖入湖水系阻隔实景照片

分水质较差的支流对其他河道的影响，设置水闸，阻断换水和污染物交互；比如支流入湖前，设置的拦截漂浮物的拦水坝等。这些阻隔的存在，根上还是因为水环境形势不乐观，但却客观地造成了水网交互效果的变差，影响了换水效果，削弱了"水网"功能。

因此，要想真正地实现无界水网，全面解决城市水问题，必须逐步消灭这些不必要的阻隔。当然，这与"净无界"是息息相关、不可区分的，只有真正地实现了"净无界"，水系中为了水环境设置的"物理阻隔"就自然消失了。

（3）达·无界

在海绵城市建设中，无锡市在水系治理方面大力推行生态岸线建设方式，逐步消除了不少"三面光"水体。但水系岸线治理的下一步是什么？消除了"三面光"，河道生态功能提升了多少？这是大家近年来不停思考的问题，也发现现实中，部分水系治理存在"消除三面光"就是"生态岸线"的误区。就无锡市现有河道而言，下一步应该在岸线治理上强化"达无界"，让河道重新回归生活，既要做到人可达，也要做到物可达。

第一步：进一步提升亲水性

当前，依然存在不少河道亲水性较差的问题，甚至在部分岸线处理很自然的河道，依然存在亲水性差的问题。因此，推进"达无界"的第一步是提升亲水性，做到"人可达"。

最大程度开放滨水岸线。加强滨水空间与公共活动的联系，邻水公共建筑应与滨水空间通过步道、广场等紧密相连，新建邻水商业、文化等大型公共建筑项目应与滨水空间结合设计。滨水开放空间的位置选择尽量与建筑空间结合，强化开放空间的多元利用，增加街道绿量柔化道路边界。

增加街道绿量，柔化道路边界。通过街边绿地、隔离设施绿化、建筑立面绿化等措施增加街道绿量。运用绿色技术建设海绵街道，采用透水铺装，空间充裕的街道可设置雨水过滤绿化带，因地制宜设置雨洪管理设施。

提供丰富的亲水空间。这包括台阶或坡道，既满足防洪要求，又能提供亲水空间，给人们提供体验河边乐趣的机会。也包括浮动空间，利用浮筒适应水位变化，形成丰枯皆宜的亲水空间（图10-4）。浮筒也可加以利用，作为小型服务空间。亦包括悬挑

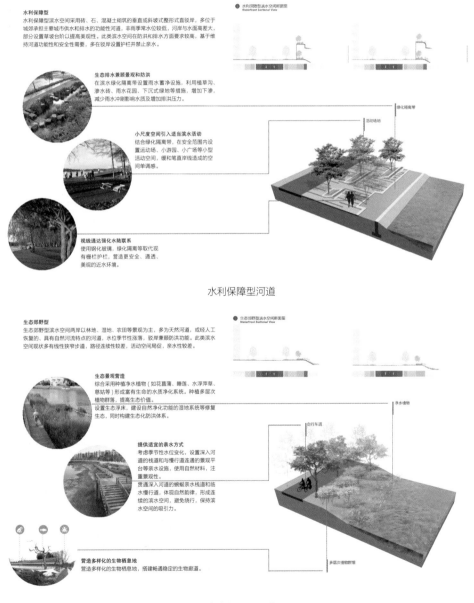

图 10-4　不同类型河道提升亲水性策略示意图

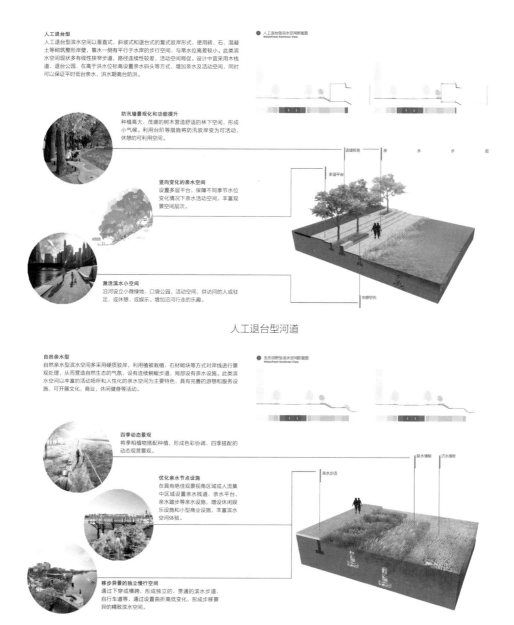

人工退台型

人工退台型滨水空间以垂直式、斜坡式和退台式的复式驳岸形式，使用砖、石、混凝土等筑整形岸壁，靠水一侧有与水岸平行的步行空间，与常水位高差较小。此类滨水空间现状多有线性狭窄步道，路径连续性较差，活动空间局促。设计中宜采用木栈道、退台公园，在高于洪水位标高设置亲水码头等方式，增加亲水及活动空间，同时可以保证平时低台亲水，洪水期高台防洪。

● 人工退台型滨水空间剖面图
Waterfront Sectional View

防汛墙景观化和功能提升
种植高大、茂盛的树木营造舒适的林下空间，形成小气候。利用台阶等措施将防汛驳岸变为可活动、休憩的可利用空间。

竖向变化的亲水空间
设置多层平台，保障不同季节水位变化情况下亲水活动空间，丰富观景空间层次。

激活滨水小空间
沿河设立小微绿地，口袋公园，活动空间，供访问的人或驻足，或休憩，或娱乐。增加沿河行走的乐趣。

人工退台型河道

自然亲水型

自然亲水型滨水空间多采用硬质驳岸，利用植被栽植、石材铺块等方式对岸线进行景观处理，从而营造自然生态的气氛，设有连续蜿蜒步道，局部设有亲水设施。此类滨水空间以丰富的活动场所和人性化的亲水空间为主要特色，具有完善的游憩和服务设施，可开展文化、商业、休闲健身等活动。

● 生态驳岸型滨水空间剖面图
Waterfront Sectional View

四季动态景观
将季相植物搭配种植，形成色彩协调、四季搭配的动态观赏景观。

优化亲水节点设施
在具有绝佳观景视角区域或人流集中区域设置亲水栈道、亲水平台、亲水踏步等亲水设施，增设休闲娱乐设施和小型商业设施，丰富滨水空间体验。

移步异景的独立慢行空间
通过下穿或横跨，形成独立的、贯通的滨水步道、自行车道等，通过设置曲折高低变化，形成步移景异的精致滨水空间。

自然亲水型河道

图 10-4　不同类型河道提升亲水性策略示意图（续）

露台，挑出岸线的露台可作为特定观景点，成为游人的拍照胜地，相应的美景也将成为一张城市名片。

第二步：打造基于最佳生境的生态廊道

当前，无锡市主要领导提出"水是无锡的灵魂"，要建设"形态美、特色明、活力强、底蕴厚的滨水公共空间"。针对这个定位和无锡市城市发展的需求，建成"亲水生态岸线"仅仅满足了基础需求，从更为长远的眼光看、从更高的标准看，还要提升河道的生态功能，进一步统筹滨水公共空间建设和美丽河湖行动，加强河道系统整治，因势利导改造渠化河道，重塑健康自然的弯曲河岸线，恢复自然深潭浅滩和泛洪漫滩，实施生态修复，营造多样性生物生存环境，将水系打造为基于最佳生境的生态廊道，实现生物"可达"。

结合无锡市实际情况，开展生物多样性调查，调查鱼类、底栖动物、水生植物、浮游生物等物种的组成、分布和种群数量，筛选林鸟、水鸟、昆虫、两栖动物、底栖动物和鱼类中的代表性物种，明确"水生境廊道"建设的生态指示物种。

结合生态指示物种识别，深化调研其栖息规律和生活习性，研究"生物多样性"建设标准，明确物种生物栖息地和洄游通道恢复目标，从"水岸共治"的角度，从生态指示物种迁徙、水体水循环等角度出发，针对硬质矩形断面、硬质梯形断面、生态梯形断面、生态自然断面等不同类型水体实施针对性"生境廊道"构建措施，并最终形成"水生境廊道网络"（图10-5）。

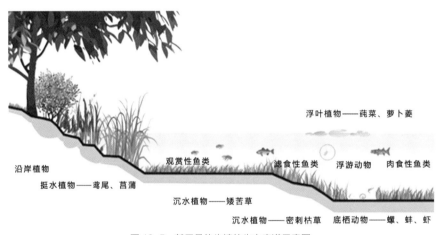

图10-5　基于最佳生境的生态廊道示意图

（4）调·无界

第一步：雨洪全系统智慧调度

当前，无锡市无论是雨水排放系统，还是水利系统建设都较为发达，但距离"洪涝统筹"和"蓄排平衡"还存在一定的差距，具体而言，就是当前的雨洪调度上，依然存在一定的涝、洪脱节问题，城市水体的水位调控与雨水管道衔接还不够紧密，存在一定的各自为政的问题，这对于应对气候变化背景下极端强降雨频发是不利的（图10-6）。

从"调无界"的角度出发，应在短期内首先实现雨洪全系统的智慧调度，将防洪和排涝进一步统筹，积极引入新的技术手段、智慧运营等，形成源、网、厂、河、闸五位

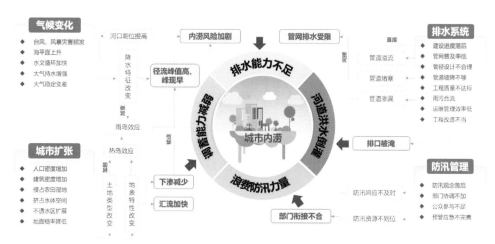

图 10-6　当前雨洪系统调度存在的问题示意图

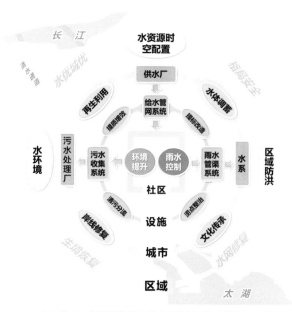

图 10-7　以雨洪为核心的水系统统一调度构想示意图

一体的智慧运营格局，强化排口、管网、泵站、污水处理厂、水系及闸站的智慧管控，提升风险预警和联排联调能力，切实实现在遭遇极端降雨前"预降水位"，增加排水体系系统性，整体提升城市水安全保障水平（图 10-7）。

第二步：城市可向太湖排涝

根据前文所述，无锡当前在非极端情况下还不能向太湖排涝。究其原因，还是太湖水环境保护压力大，入湖口门实行严格控制（4.5m），造成无锡市尤其是运南片南排出路受阻。2016 年，江苏省防汛抗旱指挥部印发的《苏南运河区域洪涝联合调度方案（试行）》规定，"当雅浦港闸上水位高于 3.9m 时，雅浦港闸和武进港闸开闸排水，且雅浦港闸优先开启；当无锡水位高于 4.5m 时，直湖港闸开闸排水。当无锡水位高于 4.4m 时，关闭梁溪河与大运河连通的仙蠡桥南枢纽、张巷浜闸及骂蠡港闸，开启犊山闸有节制地向太湖排泄梁溪河涝水"。

其实，无锡所处的武澄锡运南地区历史上主要的排水出路一直是太湖，太湖 4-7 月份正好处于低水位期，且紧邻市区，是排涝的理想地（图 10-8）。

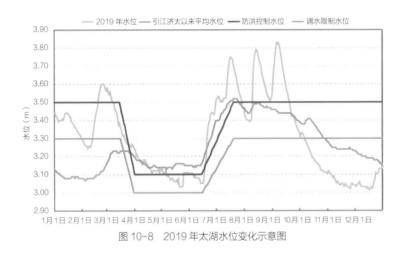

图 10-8　2019 年太湖水位变化示意图

根据相关的分析，入湖水位的抬高导致入湖水量减少，区域最高洪水位相应的升高。按 2015 年实际调度，区域及大运河沿线洪水位上升明显，无锡最高水位达到 5.45m，青阳、陈墅最高洪水位为 5.44m 和 5.42m，远高于规划调度工况下的区域最高洪水位，可见入湖水位的逐步抬高对区域高水位的形成有着明显的影响。

因此，按照"无界水网"概念，当城市水环境全面提升，实现"净无界"时，城区水体对于太湖而言将不会成为威胁，且太湖湖体水质逐年改善，相信在不久的将来，无锡可以向太湖排涝一定可以实现，这也是无锡排水安全全面提升的唯一出路（图 10-9）。

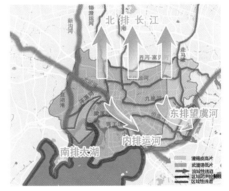

图 10-9　无锡市洪涝外排通道畅想图

大事记

2015 年，积极响应《国务院办公厅关于推进海绵城市建设的指导意见》（国办发〔2015〕75 号），围绕城市涉水问题，开始推进海绵城市建设。

2016 年，成立无锡市海绵城市建设推进工作领导小组，并印发《市政府办公室关于无锡市推进海绵城市建设的实施意见》（锡政办发〔2016〕53 号）（图 1）。领导小组确定了市、区两级垂直管理、分工明确的海绵城市建设推进工作组织架构，该实施意见奠定了海绵城市建设各项工作顺利推进的基础。

图 1 《市政府办公室关于无锡市推进海绵城市建设的实施意见》（锡政办发〔2016〕53 号）

2017 年，成为江苏省第二批海绵城市建设试点城市，开启了无锡海绵城市建设的新阶段。

2018 年，《无锡市海绵城市建设项目技术审查流程（试行）》印发（图 2）。规定了建筑与小区、道路广场、公园绿地、河道水系四类项目的技术审查流程。

2019 年，《无锡市海绵城市建设工程竣工验收管理暂行办法》印发（图 3）。明确了建筑与小区、道路广场、公园绿地、河道水系四类项目的竣工验收阶段的管控措施，促进了海绵城市建设全流程管控体系的形成。

2020 年，《无锡市省级海绵城市建设试点优化实施方案》（图 4）印发。进一步指导试点区域海绵城市建设工作开展，支撑省海绵试点考核验收。

2021 年 6 月，成功入选国家首批系统化全域推进海绵城市建设示范城市，海绵城市建设由"试点"迈向"示范"。在财政部、住房和城乡建设部、水利部举行的 2021 年度系统化全域推进海绵城市建设示范城市竞争性评审中，无锡从全国 31 个申报城市中脱颖而出，顺利入围（图 5）。

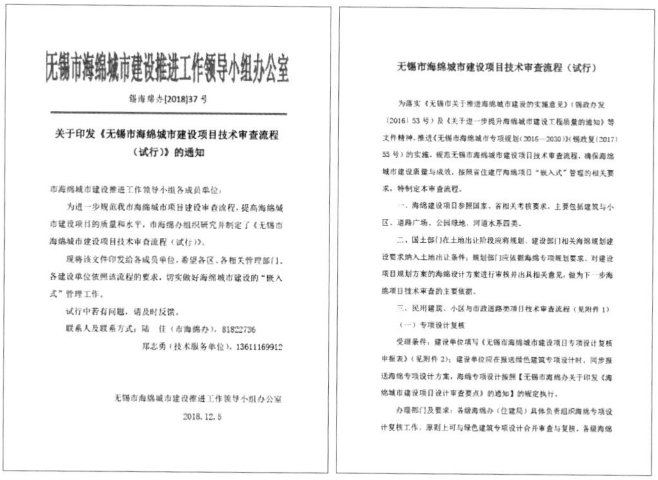

无锡市海绵城市建设推进工作领导小组办公室

锡海绵办[2018]37号

关于印发《无锡市海绵城市建设项目技术审查流程（试行）》的通知

市海绵城市建设推进工作领导小组各成员单位：

为进一步规范我市海绵城市项目建设审查流程，提高海绵城市建设项目的质量和水平，市海绵办组织研究并制定了《无锡市海绵城市建设项目技术审查流程（试行）》。

现将该文件印发给各成员单位，希望各区、各相关管理部门、各建设单位依照该流程的要求，切实做好海绵城市建设的"嵌入式"管理工作。

试行中若有问题，请及时反馈。

联系人及联系方式：陆　佳（市海绵办），81822736

郑志勇（技术服务单位），13611169912

无锡市海绵城市建设推进工作领导小组办公室

2018. 12. 5

无锡市海绵城市建设项目技术审查流程（试行）

为落实《无锡市关于推进海绵城市建设的实施意见》（锡政办发〔2016〕53号）及《关于进一步提升海绵城市建设工程质量的通知》等文件精神，推进《无锡市海绵城市专项规划（2016—2030）》（锡政复〔2017〕55号）的实施，规范无锡市海绵城市建设项目技术审查流程，确保海绵城市建设质量与成效，按照省住建厅海绵项目"嵌入式"管理的相关要求，特制定本审查流程。

一、海绵建设项目参照国家、省相关考核要求，主要包括建筑与小区、道路广场、公园绿地、河道水系四类。

二、国土部门在土地出让阶段应将规划、建设部门相关海绵规划建设要求纳入土地出让条件；规划部门应依据海绵专项规划要求，对建设项目规划方案的海绵设计方案进行审核并出具相关意见，做为下一步海绵项目技术审查的主要依据。

三、民用建筑、小区与市政道路类项目技术审查流程（见附件1）

（一）专项设计复核

受理条件：建设单位填写《无锡市海绵城市建设项目专项设计复核申报表》（见附件2）；建设单位应在报送绿色建筑专项设计时，同步报送海绵专项设计方案，海绵专项设计按照【无锡市海绵办关于印发《海绵城市建设项目设计审查要点》的通知】的规定执行。

办理部门及要求：各级海绵办（住建局）具体负责组织海绵专项设计复核工作，原则上可与绿色建筑专项设计合并审查与复核。各级海绵

图2《无锡市海绵城市建设项目技术审查流程（试行）》

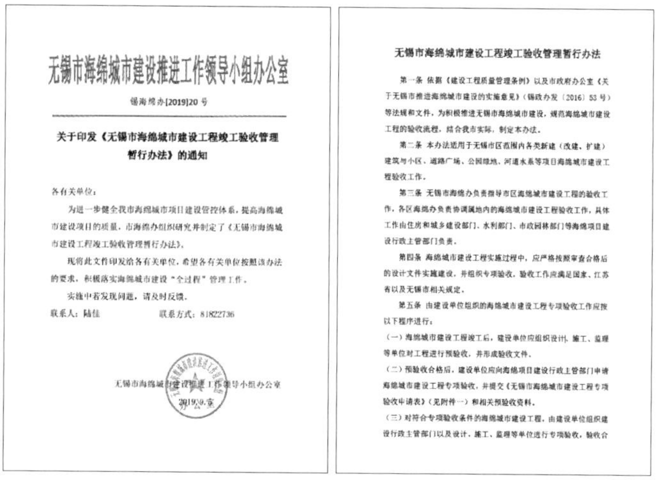

无锡市海绵城市建设推进工作领导小组办公室

锡海绵办[2019]20号

关于印发《无锡市海绵城市建设工程竣工验收管理暂行办法》的通知

各有关单位：

为进一步健全我市海绵城市项目建设管控体系，提高海绵城市建设项目的质量，市海绵办组织研究并制定了《无锡市海绵城市建设工程竣工验收管理暂行办法》。

现将此文件印发给各有关单位，希望各有关单位按照该办法的要求，积极落实海绵城市建设"全过程"管理工作。

实施中若发现问题，请及时反馈。

联系人：陆佳　　　　联系方式：81822736

无锡市海绵城市建设推进工作领导小组办公室

2019.9.

无锡市海绵城市建设工程竣工验收管理暂行办法

第一条 依据《建设工程质量管理条例》以及市政府办公室《关于无锡市推进海绵城市建设的实施意见》（锡政办发〔2016〕53号）等法规和文件，为积极推进无锡市海绵城市建设，规范海绵城市建设工程的验收流程，结合我市实际，制定本办法。

第二条 本办法适用于无锡市区范围内各类新建（改建、扩建）建筑与小区、道路广场、公园绿地、河道水系等项目海绵城市建设工程验收工作。

第三条 无锡市海绵办负责指导市区海绵城市建设工程的验收工作，各区海绵办负责协调属地内的海绵城市建设工程验收工作，具体工作由住房和城乡建设部门、水利部门、市政园林部门等海绵项目建设行政主管部门负责。

第四条 海绵城市建设工程实施过程中，应严格按照审查合格后的设计文件实施建设，并组织专项验收，验收工作应满足国家、江苏省以及无锡市相关规定。

第五条 由建设单位组织的海绵城市建设工程专项验收工作应按以下程序进行：

（一）海绵城市建设工程竣工后，建设单位应组织设计、施工、监理等单位对工程进行预验收，并形成验收文件。

（二）预验收合格后，建设单位应向海绵项目建设行政主管部门申请海绵城市建设工程专项验收，并提交《无锡市海绵城市建设工程专项验收申请表》（见附件一）和相关预验收资料。

（三）对符合专项验收条件的海绵城市建设工程，由建设单位组织建设行政主管部门以及设计、施工、监理等单位进行专项验收，验收合

图3《无锡市海绵城市建设工程竣工验收管理暂行办法》

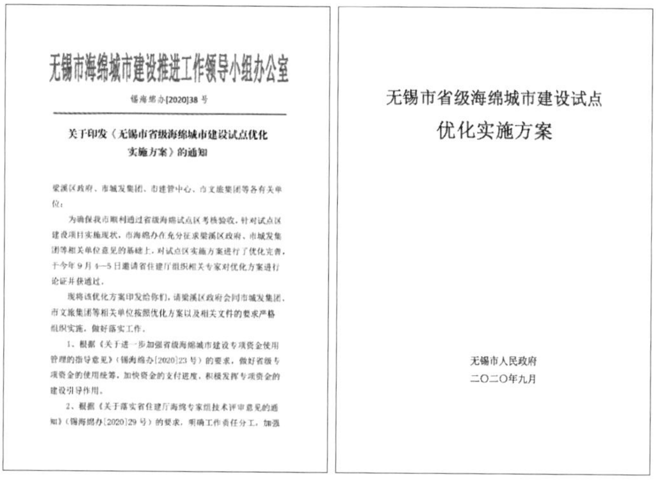

无锡市海绵城市建设推进工作领导小组办公室

锡海绵办[2020]38号

关于印发《无锡市省级海绵城市建设试点优化实施方案》的通知

梁溪区政府、市城发集团、市建管中心、市文旅集团等各有关单位：

为确保我市顺利通过省级海绵试点区考核验收，针对试点区建设项目实施现状，市海绵办在充分征求梁溪区政府、市城发集团等相关单位意见的基础上，对试点区实施方案进行了优化完善，于今年9月4—5日邀请省住建厅组织相关专家对优化方案进行论证并获通过。

现将该优化方案印发给你们，请梁溪区政府会同市城发集团、市文旅集团等相关单位按照优化方案以及相关文件的要求严格组织实施，做好落实工作。

1、根据《关于进一步加强省级海绵城市建设专项资金使用管理的指导意见》（锡海绵办[2020]23号）的要求，做好省级专项资金的使用统筹，加快资金的支付进度，积极发挥专项资金的建设引导作用。

2、根据《关于落实省住建厅海绵专家组技术评审意见的通知》（锡海绵办[2020]29号）的要求，明确工作责任分工，加强

无锡市省级海绵城市建设试点

优化实施方案

无锡市人民政府

二〇二〇年九月

图4《无锡市省级海绵城市建设试点优化实施方案》

2021年06月02日 星期三　　　请输入关键字　　经济建设司 ▾　　搜索　　　　返回主站

当前位置: 首页 > 通知公告

2021年系统化全域推进海绵城市建设示范评审结果公示

按照《财政部办公厅　住房城乡建设部办公厅　水利部办公厅关于开展系统化全域推进海绵城市建设示范工作的通知》（财办建〔2021〕35号）明确的程序，近日三部组织专家开展了2021年系统化全域推进海绵城市建设示范竞争性评审，根据专家现场评审结果，拟将得分前20名的城市确定为首批示范城市，包括：唐山市、长治市、四平市、无锡市、宿迁市、杭州市、马鞍山市、龙岩市、南平市、鹰潭市、潍坊市、信阳市、孝感市、岳阳市、广州市、汕头市、泸州市、铜川市、天水市、乌鲁木齐市。

现将上述结果予以公示，公示期为2021年6月2日至2021年6月8日，如有意见，请以书面（实名）形式，反馈至财政部经济建设司、住房城乡建设部城市建设司、水利部规划计划司。

图5　首批系统化全域推进海绵城市建设示范城市竞争性评审结果

2021年11月，《无锡市系统化全域推进海绵城市建设示范城市实施方案》通过专家评审并且正式印发（图6）。该实施方案明确无锡市以海绵城市建设为契机，进一步完善区域生态基础设施体系、优化城市雨水管理体系、提高排水防涝能力，加大优质生态产品供给，更好地满足人民群众高品质生活需要，为全国海绵城市建设贡献"无锡经验""无锡模式"。

欢迎访问无锡市住房和城乡建设局网站　⊙ 用户登录　　　　　IPv6　繁体版

无锡市住房和城乡建设局　　请输入查询关键字　搜索　　♿ 无障碍浏览

网站首页　政府信息公开　互动交流　政务服务　双公示

⊙ 当前位置: 首页 >> 专题专栏

【工作动态】关于印发《无锡市系统化全域推进海绵城市建设示范城市实施方案》的通知

发布时间: 2021-11-26 16:23　浏览次数: 253　　　　　【字号: 默认 大 特大】

各成员单位：

经评审会议通过，并报市政府同意，现将《无锡市系统化全域推进海绵城市建设示范城市实施方案》印发给你们，请认真做好组织实施工作。

图6　关于印发《无锡市系统化全域推进海绵城市建设示范城市实施方案》的通知

2022 年 3 月,在住房和城乡建设部、水利部、财政部三部委组织的海绵城市建设 2021 年度绩效评价中获评"A 档"第二名(图 7)。

图 7　中央财政海绵城市建设示范补助资金 2021 年绩效评价结果

2022 年 3 月,《关于扎实推进系统化全域海绵示范城市建设的实施意见》正式印发(图 8)。该实施意见明确了到 2024 年全面建成"内外兼修、独具特色、示范引领"的海绵城市总体要求,提出了"坚持推进系统化、建设系统化、技术系统化、产业系统化,在城乡全区域、建设全领域落实海绵城市建设要求"的系统化全域推进海绵城市的"无锡路径"。

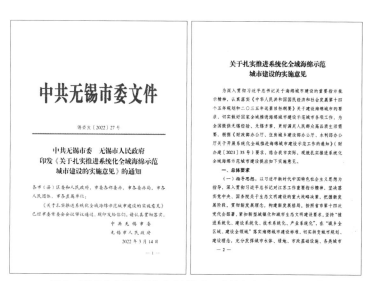

图 8　《关于扎实推进系统化全域海绵示范城市建设的实施意见》

2022年4月,《无锡市系统化全域推进海绵示范城市建设行动计划》正式印发(图9)。该行动计划分年度、分部门明确和细化建设目标、建设任务、建设要求,包括建筑小区、道路广场、公园绿地、水系治理、排水管网及场站等五大类工程任务,以及体制机制建设、规划编制、标准规范、创新研究等四大类能力建设任务。

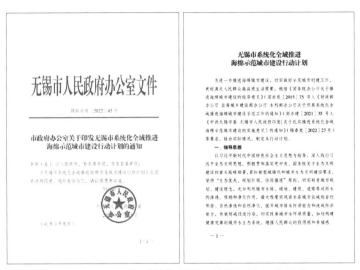

图9 《无锡市系统化全域推进海绵示范城市建设行动计划》

2022年5月,无锡市系统化全域推进海绵示范城市建设工作动员部署会召开(图10)。会议全面动员与部署了系统化全域推进海绵示范城市建设工作。副市长张立军强调要进一步统一思想、凝心聚力,努力争创全国海绵城市"示范中的示范"。

图10 无锡市系统化全域推进海绵示范城市建设工作动员部署会

2022年9月，《无锡市区级海绵城市建设专项规划编制导则》正式发布（图11）。该导则从加强雨水径流管控的角度，构建生态、安全、可持续的城市水循环系统出发，进一步指导无锡市各辖区做好海绵城市建设专项规划编制工作，推进无锡市海绵城市建设。

图11　关于印发《无锡市区级海绵城市建设专项规划编制导则》的通知

2022年9月，无锡市住房和城乡建设局、无锡市财政局联合发布了《关于加强系统化全域推进海绵城市建设示范项目专项资金管理工作的通知》（锡建城〔2022〕3号）（图12），该通知明确了海绵示范项目确定流程与监管制度（方案审查、现场检查、考核评估），进一步加强了示范项目管理。该通知同时按照房屋建筑、公园绿地、广场、市政道路、水系治理、管网场站等分类，规定了海绵项目补助标准，海绵补助资金的使用得到进一步明确和规范。

2022年10月，无锡市海绵城市技术审查专家库正式建立（图13）。建立了涉及规划、建筑、市政、园林、给水排水等专业，涵盖咨询、设计、施工、监理、管理等行业的专家库，同时明确了建设项目的海绵设计方案审查流程，进一步提升海绵示范城市创建工作水平和技术审查质量。

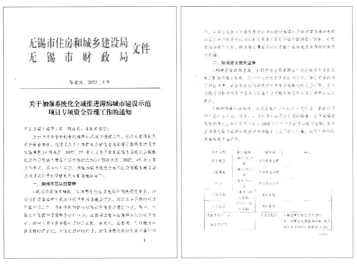

图 12 《关于加强系统化全域推进海绵城市建设示范项目专项资金管理工作的通知》
（锡建城〔2022〕3 号）

图 13 《关于建立无锡市海绵城市技术审查专家库的通知》

2023 年 2 月，《无锡市大运河梁溪河滨水公共空间条例》正式发布（图 14）。该条例围绕水系及滨水空间建设管控，强化常态化长效管理，统筹推进海绵城市建设管理，强调滨水公共空间应当因地制宜建设和改造各类海绵城市设施，统筹"水、城、人"和谐共生，促进水清岸绿、文昌人和、产旺城兴。

2023 年 5 月，在住房和城乡建设部、财政部、水利部组织的海绵城市建设 2022 年度绩效评价中继续保持"A 档"第二名（图 15）。

2023 年 5 月，太湖广场等 8 个项目获得 2023 年度江苏省海绵城市优秀工程案例（图 16）。

图 14　新闻发布会

图 15　中央财政海绵城市建设示范补助资金 2022 年绩效评价结果

　　2023 年 8 月，"群众最喜爱的十大海绵项目"评选活动举行（图 17）。市海绵办组织开展了"群众最喜爱的十大海绵项目"评选活动。共计约 3 万人次参与投票，并经专家复核，最终锡山区元象公园等 10 个项目脱颖而出。

图 16　2023 年度江苏省海绵城市优秀工程案例评选结果公示

@无锡市民，"群众最喜爱的十大海绵项目"评选活动请您来投票！

无锡住建　2023-08-22 17:20　发表于江苏

　　海绵城市是指通过加强城市规划建设管理，充分发挥建筑、道路和绿地、水系等生态系统对雨水的吸纳、蓄渗和缓释作用，有效控制雨水径流，实现自然积存、自然渗透、自然净化的城市发展方式。

图 17　无锡市"群众最喜爱的十大海绵项目"评选活动

2023 年 11 月，《无锡市海绵城市专项规划（2022—2035）》通过专家评审。该专项规划在系统研判无锡市自然条件和城市建设基础上，聚焦缓解城市内涝，科学制定建设目标与指标体系；构建无锡市区海绵生态空间格局；优化调整排水管控分区，确定各排水管控分区的管控指标和基于项目的动态管理模型；针对无锡市涉水相关问题，提出了无锡市水系统优化综合策略。

2023 年 11 月，《无锡市海绵城市建设管理条例》正式发布（图 18）。该条例明确构建各司其职、齐抓共管、运转高效的全过程协同工作格局，完善全域覆盖、全生命周期闭环的海绵城市建设管理机制，建立健全海绵设施投入使用长效保障机制，确保海绵城市建设成效，实现共建共治共享。

图 18 《无锡市海绵城市建设管理条例》发布

2023 年 12 月，无锡市市政和园林局、无锡市住房和城乡建设局联合发布了《无锡市城市绿地海绵设施景观化设计导则（试行）》，旨在全面推动无锡海绵城市与景观设计深度融合，实现生态化、多功能的海绵设施景观效果，进一步提升城市精细化管理，满足人民群众日益增长的美好生活需求，为创建生态园林城市、海绵示范城市的"无锡模式"添砖加瓦（图 19）。

2024 年 1 月，无锡市住房和城乡建设局、无锡市市政园林局、无锡市水利局联合发布了《无锡市海绵城市建设项目设计指引（试行）》《无锡市海绵城市建设项目施工与运行维护导则（试行）》《无锡市海绵城市建设项目评价标准（试行）》三项标准（图 20），进一步完善了无锡市不同类型海绵城市建设项目的设计、施工、运维、评价标准体系。

图 19　景观设计要点

图 20　《无锡市海绵城市建设项目设计指引（试行）》《无锡市海绵城市建设项目施工与运行维护导则（试行）》
《无锡市海绵城市建设项目评价标准（试行）》发布

2024 年 3 月，为进一步加强海绵城市建设长效管理，提升海绵城市建设项目质量水平，无锡市发布了《关于加强海绵城市建设项目过程管控有关事项的通知》（锡海绵办〔2024〕3 号），如图 21 所示，明确了建设单位在海绵项目方案审查前，要按照《无锡市海绵城市建设项目评价标准（试行）》开展自评价；审批部门要优化施工许可要素审核，核验含有海绵城市专项设计审查意见的施工图设计文件（豁免项目除外）；工程质量监督机构要严格把关施工质量和验收质量；项目建设完成后，运维单位应配备专职管理人员做好运行维护。

图 21 《关于加强海绵城市建设项目过程管控有关事项的通知》（锡海绵办〔2024〕3号）

致　谢

　　图难于其易，为大于其细。在海绵城市提出十周年之际，如何再现无锡治水的历程，讲好海绵城市建设从无到有的过程，看似简单却并非易事。本书编写凝聚了诸多同仁的智慧和辛劳，全书由龚道孝、陈雪峰、周飞祥组织撰写、定稿和审阅，各章节主要撰写人员为：第1章：周飞祥、王巍巍；第2章：周飞祥、杨映雪、黄明阳；第3章：杨映雪、周飞祥；第4章：黄明阳、周飞祥；第5章：杨映雪、赵政阳；第6章：杨映雪、赵政阳；第7章：周飞祥、赵政阳、杨映雪；第8章：唐君言、陈高艺、赵政阳、陈晗、石永杰；第9章：赵政阳、李宗浩；第10章：周飞祥；大事记：周锡良、钱保国、陆佳、徐晓琴。

　　本书顺利出版，离不开各方面的关心与支持。无锡市住房和城乡建设局对本书提出了诸多卓有价值的指导性意见；中国城市规划设计研究院编写团队从调研到形成初稿做了大量工作，对本书进行了统稿、校订、修改、完善，为本书出版做出突出贡献；无锡市海绵城市建设各部门、各区、平台公司、设计单位相关负责同志提供了基础素材并参与讨论修改。还有许多关心、支持本书出版的同事和朋友，在此一并致谢。

　　本书力图面向城市决策者、管理者、研究者，客观呈现一个比较系统、突出重点的海绵城市的实践案例，并非理论读物，对篇章安排、文字表述的理论框架、内涵辨析不那么考究、妥当、精准，敬请广大读者理解。希望本书对于海绵城市建设的决策、管理、研究人员和对海绵城市感兴趣的读者有所参考。由于编者水平有限，加之时间仓促，错讹之处在所难免，敬请读者提出宝贵意见。

　　成绩属于过去，海绵城市建设永远在路上。某种意义上，本书的出版，既是总结过去，更是提醒海绵城市参建者要始终不忘初心、牢记使命，在新的历史起点上重整新装再出发。海绵城市建设功在当代、利在千秋，真诚期待更多致力于海绵城市建设的同仁与我们一起携手，为建设人类美好家园而持续努力。

编委会
2024 年 9 月

图书在版编目（CIP）数据

亲历者说：无锡市海绵城市建设纪实 / 龚道孝等编著 . -- 北京：中国建筑工业出版社，2024.8. -- ISBN 978-7-112-30230-7

Ⅰ . TU984.253.3

中国国家版本馆 CIP 数据核字第 2024TE6811 号

责任编辑：张智芊　宋　凯
责任校对：赵　力

亲历者说——无锡市海绵城市建设纪实

龚道孝　陈雪峰　周飞祥　等 编著
*
中国建筑工业出版社出版、发行（北京海淀三里河路 9 号）
各地新华书店、建筑书店经销
北京雅盈中佳图文设计公司制版
临西县阅读时光印刷有限公司印刷
*
开本：787 毫米 × 1092 毫米　1/16　印张：$17\frac{1}{2}$　字数：337 千字
2024 年 9 月第一版　2024 年 9 月第一次印刷
定价：148.00 元
ISBN 978-7-112-30230-7
（42957）